层状多孔介质热流固耦合分析与计算

杨连枝　张子健　著

U0344033

中国石化出版社

·北京·

内 容 提 要

本书针对层状多孔介质热流固耦合问题，提出了求解的新方法，并给出多种边界条件下不同结构的解析解，同时给出了一些典型热流固耦合问题的计算实例。主要内容包括：水平成层有限区域流固耦合问题的求解；水平成层结构热流固耦合问题的求解；三维轴对称结构热流固耦合问题的求解；多孔介质热流固耦合问题的计算实例。

本书适合流体力学、固体力学、传热学等领域的技术人员、科研工作者以及相关院校的师生参考阅读。

图书在版编目(CIP)数据

层状多孔介质热流固耦合分析与计算 / 杨连枝，张子健著. — 北京：中国石化出版社，2025.4.

— ISBN 978-7-5114-7834-4

Ⅰ. TK124

中国国家版本馆 CIP 数据核字第 2025TD3913 号

中国石化出版社出版发行

地址：北京市东城区安定门外大街 58 号
邮编：100011　电话：(010)57512500
发行部电话：(010)57512575
http://www.sinopec-press.com
E-mail：press@sinopec.com
北京捷迅佳彩印刷有限公司印刷
全国各地新华书店经销
*
710 毫米×1000 毫米 16 开本 9.5 印张 155 千字
2025 年 4 月第 1 版　2025 年 4 月第 1 次印刷
定价：48.00 元

PREFACE 前 言

　　自然界和工业领域中广泛存在着多种多孔介质，如地下岩石、土壤、砖块、混凝土以及过滤介质等。这些多孔材料的孔隙中充满了各种流体，包括气体、液体或两者皆有。正是由于这种特性带来的特殊结构，使得多孔介质具有独特的热学、电学、声学和力学等特性，在许多工程领域得到了广泛的应用。研究多孔介质的热流固耦合现象有助于深入理解多孔介质中热量传输的机制，进而为优化多孔介质的性能提供重要的理论指导和技术支持。综合研究多孔介质热流固耦合效应，可以为解决实际工程问题、推动多孔介质力学理论的发展以及拓展其应用领域提供重要的理论支持和技术指导。

　　本书重点阐述了层状多孔介质热流固耦合问题的解析方法和应用实例。全书共5章。第1章介绍了多孔介质热流固耦合问题的研究历史及现状；第2章介绍了层状多孔介质有限区域的流固耦合问题，推导了水平成层结构各向异性多孔介质流固耦合问题的通解，并给出了点源作用下的解析解；第3章介绍了层状多孔介质有限区域的热流固耦合问题，推导了水平成层结构各向异性多孔介质热流

I

固耦合问题的通解，并给出了内部点源和表面载荷作用下的解析解；第4章介绍了三维轴对称层状多孔介质热流固耦合问题，推导出了三维轴对称结构的热流固耦合通解，并给出了内壁温度载荷作用下的解析解，同时提出了一种工程应用，即套管-水泥环-地层的解析解；第5章利用前面章节得到的解析方法，结合求解多孔介质热流固耦合问题的数值模拟方法，给出了水平成层和轴向成层的数模实例，与第2、3、4章推导的理论解进行比较，验证了理论解的合理性。

本书是笔者团队近年在热流固耦合理论方面科研成果的总结，部分研究成果得到了国家自然科学基金项目（No.51704015）和中国石油集团工程技术研究院相关项目的资助。感谢笔者团队的杨越凯、吕监力为本书做出的贡献，也感谢中国石油集团工程技术研究院的沈吉云、纪宏飞等同志对本书编写的支持与帮助。

由于水平有限，书中若存在疏漏和不妥之处，恳请各位读者批评指正。

CONTENTS 目 录

第1章 绪 论

自然界和工业领域中广泛存在着多种多孔介质，如地下岩石、土壤、砖块、混凝土以及过滤介质等。这些多孔材料的孔隙中充满了各种流体，包括气体、液体或两者皆有。正是由于这种特性带来的特殊结构，使得多孔介质具有独特的热学、电学、声学和力学等特性，在许多工程领域得到了广泛的应用。多孔介质由多孔的连续固体骨架和其微小孔隙空间中充满的单相或多相流体共同组成，因而具有孔隙空间尺寸非常小、比表面积数值大的特点[1]。根据这种特点，可以发现多孔材料在日常生活中普遍存在，比如土体、海绵、岩石等，甚至植物的根茎、动物的血管也都属于多孔介质。其应用场景不仅仅局限于工程领域，还延伸至汽车、冶金、医学等领域。凭借自身良好的性能，多孔介质在各领域中都具备广泛的应用前景。

此外，自然界和工程中还广泛存在着层状的多孔介质，例如径向成层的多孔介质(图1.1)和水平成层的多孔介质(图1.2)。径向成层结构是指在岩石、地层或其他材料中呈现出一层一层放射状排列的分层结构，并且这些分层结构中存在多孔介质的特征。这种结构在自然界和工程领域中都有着重要的应用。

图 1.1　径向成层结构多孔介质

图 1.2　水平成层结构多孔介质

　　在自然界中，径向成层结构通常形成于特定的地质环境和地质作用下。例如，在某些地质条件，如湖泊、盆地、海洋或河流等沉积环境中，沉积物可能会沿着放射状或径向方向逐渐堆积，形成一层层的放射状结构。这些放射状结构可能包含有各种孔隙或介质，例如颗粒之间的空隙、化石孔隙等，从而形成径向成层多孔介质。在工程领域中，径向成层结构也被人工制造和利用。例如，在木材加工中，木材纤维可能沿径向方向排列，形成一层一层的结构。这种径向排列的结构不仅赋予了木材优良的力学性能，还使得木材具有吸水性和透气性等特性。水平成层结构是指在岩石、地层或其他材料中呈现出水平或接近水平的分层结构，并且这些分层结构中存在多孔介质的特征。这种结构不仅在自然界中广泛存在，例如地质中的沉积岩层，还在工程领域中被人工制造，如层合板等材料。在自然界中，水平成层多孔介质常见于沉积岩层中，这些岩层是在地质历史长期的沉积作用下形成的。例如，在海洋或湖泊中，沉积物会逐渐沉积并堆积在底部，形成水平分层的结构。这些分层中可能存在各种孔隙或介质，例如颗粒间的空隙、生物遗体的空隙等，使得岩层具有多孔介质的特性。在工程领域中，水平成层多孔介质也十分常见，其中层合板就是一个典型的例子。层合板由多层木材或其他材料胶合而成，每一层呈水平排列，而层与层之间存在微小的孔隙，这使得层合板具有多孔的结构。因此，层状结构的研究不仅涉及自然界的地质学和岩石学，还与工程材料的设计和应用密切相关，如地下水运移、油气储层分布、岩石稳定性等，证明了其具有广泛的学科交叉性和应用前景。

随着多孔介质在各行业中的广泛应用，其力学性质也越来越受到重视。然而，由于多孔介质固体骨架相的非均匀性以及内部孔隙分布的不规则性，使得多孔介质一般情况下呈现出各向异性，并且其特殊的结构导致了复杂的力学性质[1]。多孔介质由于其特殊的结构也会导致其许多应用往往涉及多个物理场的相互作用，如流体力学、热传导、结构力学等，因此多孔介质与热流固耦合问题密切相关。比如天然土体总是依附于一定的地质系统当中，地下水、地应力以及温度均是该物理地质环境中的重要因素[2]。这是因为如土体这样的多孔介质中，不仅存在着复杂的固体骨架和内部孔隙结构，还存在着流体的流动和热量的传输。这种流体流动和热传导过程与固体骨架之间相互作用，构成了多孔介质热流固耦合问题。20 世纪 80 年代以来，随着地热能源开发、核废料填埋和二氧化碳储存等工程实际需要，热流固耦合问题日益受到工程师和学者们的广泛关注[3,4]。研究多孔介质与热流固耦合现象有助于深入理解多孔介质中热量传输的机制，进而为优化多孔介质的性能提供重要的理论指导和技术支持。这对多孔介质的研究具有重要的理论意义，并且有望在多个领域产生重要的应用价值。

因此，综合研究热流固耦合效应和多孔介质力学性质，可以为解决实际工程问题、推动多孔介质力学理论的发展以及拓展其应用领域提供重要的理论支持和技术指导。

1.1　研究历史及现状

1.1.1　水平成层结构热流固耦合问题

水平成层结构的多物理场耦合问题已被广泛研究，Biot 的多孔弹性理论[5,6]是研究热传导、固体变形和流体流动之间联系的常用理论框架。该理论系统地介绍了各向同性、横观各向同性以及各向异性材料的水平成层结构的多物理场耦合效应。基于 Biot 理论，学者们推导出了一系列水平成层结构的理论解。Biot 之后给出了多孔材料的弹性和固结方程的通解[7]。Cleary 给出了各向同性多孔介质的流固耦合基本解[8]。Rundicki 给出了多孔介质中突然施加的点力和线载荷的解[9]。Vaziri 推导了不排水条件下孔隙流体压力变化和排水条件下土壤应力变化的多相土系统弹性和热性质的理论表达式[10]。Li 等给出了三维横观各向同性的热固耦合稳态通解[11]。

对于半空间的水平成层结构，学者们针对多孔介质在稳态和非稳态状态下对各种载荷响应的解开展了大量研究，例如表面载荷、内部点源和移动载荷。Liu 和 Pan 给出了具有不完美界面的横观各向同性和分层半空间的动态响应解[12]。Keawsawasvong 和 Senjuntichai 给出了横向各向同性半平面的渗透弹性动力学基本解[13]。Ba 和 Liang 研究了横观各向同性和分层渗透弹性半空间在一般埋藏载荷作用下的动态响应[14]。Seneviratne 等研究了埋在黏土中的刚性圆柱形热源周围的固结和热流的完全耦合问题[15]。Zhang 和 Huang 提出了饱和多孔弹性介质表面载荷作用下的非轴对称动态响应[16]。Wang 和 Huang 提出了矩形坐标系中受表面激励力作用的饱和多孔弹性介质的动态解析解[17]。与此同时，研究人员还调查了渗透率、压缩性和各向异性等特性对水平成层结构多物理场耦合问题的影响。Chen 研究了各向异性多层半空间的三维 Green 函数[18]。Ai 等提出了具有各向异性渗透率和压缩性的多层多孔弹性材料非轴对称固结的层元解析解[19,20]，借助这种方法，又提出了包含深埋热源的多层多孔热弹性介质的轴对称热固结的分析层元解[21]。最近，他们又借助移动坐标系和扩展精确积分法推导出了层状横向各向同性饱和介质在移动热载荷和机械载荷下的热流固耦合响应[22]。Yang 和 Ronaldo 提出了通过各向异性弹塑性多孔介质的连续框架进行固体变形–流体流动耦合的框架[23]。Liu 等采用双变量和位置方法推导了多层路面模型的解析解[24]。Zhao 和 Borja 研究了双孔隙介质的各向异性弹塑性响应[25]。Ba 等研究了受到入射平面 qP1-波和 qSV-波作用的横向各向同性饱和半空间的自由场响应[26]。在之后，他们还提出了一种用于研究多尺度分层饱和多孔半空间在地震位错源作用下的动态响应的动态刚度矩阵方法[27]，并建立了一种分层横向各向同性半空间近断层宽频带地震图合成的半解析方法[28]。Hao 等利用加权函数方法导出了近似恒定 Q 波的微分形式方程，这种方程适用于黏弹性横向各向同性介质[29]。Vashishth 等讨论了多层热弹性介质由于表面载荷和热源而产生的准静态变形的二维问题[30]。

对于有限的多孔介质水平成层结构，Li 和 Lu 在 2011 年推导出了二维有限域内饱和各向同性均匀不可压缩多孔弹性介质的时变流动和变形耦合的解析解[31]。2016 年，他们建立了由表面载荷引起的有限矩形域内平面应变空隙弹性的解析表达式[32]。同年，Wu 等利用一般解和 Lur'e 方法提出了稳态时轴对称各向同性多孔弹性圆柱体变形的精细化理论[33]。Ai 和 Wang 提出了含有热源的分层饱和多孔热弹性材料的三维热流固耦合的精确解[34]。接下来，Li 等提出了由有限液饱和多孔弹性层的中点下沉引起的流动和变形耦合的稳态解析表达式[35]。Wang 等提出了一种半解析方法来分析层状饱和黏土在表面荷载作用下的蠕变和热固结行为[36]。Yang 等推导出了各向异性饱和有限介质的三维稳态精确解，该解基于特征方程法和 Pseudo-Stroh 理论[37]。2022 年，Huang 等提出了考虑多孔黏弹性地球结构的衰减和各向异性的地震波场建模的时域有限差分方法[38]。随后，他们引入了能描述固体骨架衰减的一阶和二阶近似恒定 Q 模型，从而将 Biot 和 Biot-squirt 模型扩展到多孔黏弹性介质[39]。何光辉建立了一维饱和土动力学控制微分方程的弱形式，得到了以土体骨架位移、流体-土骨架相对位移和孔隙流体压力为自由度的单元离散方程，最后采用 Crank-Nicolson 法求解得到理论解[40]。Wen 等从理论上研究了双层饱和多孔介质的热流固耦合动态响应，考虑了界面处的接触热阻和弹性波阻抗[41]。Wang 基于解析层元弹性解、分数阶微积分理论和弹性黏弹性对应原理，提出了一种用于研究考虑温度影响的层状土的固结和蠕变行为的三维水平成层结构模型[42]。Tang 等利用半解析方法研究了由内部热和机械载荷引起的多层热多孔弹性介质的动态热机械响应[43]。

除了理论研究外，对于水平成层结构的数值研究也十分充分，如有限元法、边界元法等。Lewis 等给出了一种用于分析由流体和热流引起的弹塑性多孔介质的变形的耦合有限元模型[44]。Nair 等给出了两种介质的热流固耦合有限元模型，研究了热载荷的影响和孔隙流体流动对热传递的影响[45]。Bower 和 Zyvoloski 在他们原本的有限元软件基础之上进一步发展，将裂缝水力传导率与包含裂缝系统的二维饱和含水层内有效应力的依赖性耦合起来，可用于预测包含热源的裂缝含水层中的地下水流行为[46]。Smith 和 Booker 给出了一种直接边界元的数值分析方法，用于分析平面应变中的线性热渗透材料在热源下的耦合效应[47]。El-Zein 针对多层介质，开发了一种边界元法，用于解决热流固耦合方程，其在层间界面上强制实施温度、热通量、孔隙压力、水力通量、位移和牵引力的条件[48]。王欣等使用 COMSOL 有限元软件分析了冻土这种水平成层结构的热流固耦合效应[49]。Lu 等建立了描述黄土热流固耦合问题的理论模型，然后使用有限元方法进行数值求解，其中考虑了孔隙率和温度变化对黄土水力特性的影响[50]。朱媛媛等提出了一种综合数值计算方法，该方法通过微分求积法和二阶后向差分格式分别在空间域和时间域离散数学模型，利用 Newton-Raphson 法求解非线性代数方程组，从而可得到问题的数值结果[51]。由此可见，关于水平成层结构热流固耦合问题的理论研究和数值研究已经十分充分，但在有限介质的热流固耦合瞬态响应方面，需要进一步的深入研究。

1.1.2 径向成层结构热流固耦合问题

对于径向成层结构的多物理场耦合问题，最为典型的就是圆柱壳的热流固耦合问题，前人已经做了大量的研究工作。Aziz 等研究了轴向应变为零时的均匀对流条件下各向同性圆柱壳的解[52]。Qian 等探索了一种处理热传导方程的减薄层方法以及单层各向同性圆柱的三维热弹性方程表面承受热载荷的壳体[53]。Mehditabar 等通过微分求积法研究了功能梯度圆柱壳的三维热固耦合效应[54]。Aragh 等研究了在受热载荷作用下，位于双参数弹性基础上的连续梯度体积分数的圆柱壳的三维热弹性变形[55]。Zhang 等提出了一种基于热弹性理论的用于具有温度相关性性质的多层管道在非均匀压力和热载荷下的解析方法[56]。Qian 等基于精确的热弹性理论，将受稳态热载荷作用的分层无限闭合厚圆柱壳视为二维平面应变问题，对其进行了研究，提出了一种用于壳体温度、应力和位移场的解析方法[57]。Huang 等首次研究了由于厚度方向上的稳态热传导引起的温度场下，功能梯度材料闭合圆柱壳的热弹性响应[58]。Wu 等提出了对通过黏弹性中间层黏合的层压圆柱壳进行热-力耦合的解析解，讨论了相邻层之间的热膨胀差异和黏合中间层的温度依赖黏弹性性能对其的影响[59]。Xu 等研究了均匀温度下各向同性圆柱壳的热屈曲基于空间中的哈密顿原理的场[60]。Ai 等介绍了由于埋藏热/机械源而导致的多层横向各向同性介质的耦合热弹性分析[61]。Xia 等推导了嵌入无限孔隙弹性地层中的套管-水泥环这样的径向成层结构在径向牵引和流体压力载荷下的瞬态响应解[62]。De Simone 等提出了一种分析解决方案，用于评估钻井、施工和生产阶段的应力和孔隙压力[63]。Zhang 和 Wang 建立了考虑热膨胀环空压力的水泥环力学计算模型[64]。Zhou 等提出了一种半解析方法来预测具有多个套管和水泥套的套管井周围的应力分布[65]。

许多学者也对各向异性闭合圆柱壳的热应力进行了研究。Carrera 提出了适用于径向成层结构的 Carrera 统一方程（CUF）[66-68]。最近，Carrera 开发了圆柱壳高阶微极性理论的解析解[69]。Ding 等通过分离变量和贝塞尔函数获得了圆柱二维轴对称问题的动态热弹性解[70]。Misra 和 Achari 假定了内曲面和外曲面与刚性和光滑绝缘体接触的条件，使用位移函数研究了有限范围的空心各向异性圆柱体中由于平面端部轴对称温度变化而产生的热应力问题[71]。Yuan 提供了一种分析公式来研究厚复合材料壳在径向任意变化的温度分布下的热机械行为[72]。Xia 和 Ding 给出了包含层合圆柱壳边界条件的混合状态方程的弱表达式，建立了封闭悬臂圆柱壳的热应力变分方程，获得了任意厚度的层合悬臂圆柱壳在热载荷和机械载荷下的三维解[73]。Bîrsan 给出了各向异性和非均匀壳在给定温度分布作用下的变形解[74]。Ding 等给出了有限正交各向异性空心圆柱体的热弹性动态轴对称问题解析解[75]。汪鹏程等利用薄壳理论，给出了冲击荷载作用下软土隧道结构热-流-固耦合动力响应分析[76]。Niu 等提出了套管-水泥-地层系统这种径向成层结构的一维热流固耦合解[77]。Xiao 和 Yue 首先提出了承受圆环集中载荷的分层半空间的闭式解，之后再利用积分变换技术导出柱坐标中的解[78]。Wen 等给出了饱和岩石中部分封闭圆形隧道在内部荷载作用下的完全热流固耦合模型[79]。

数值模拟方法，如有限元法（FEM）和有限差分法，也被广泛用于解决径向成层结构问题，比如井筒和隧道等。Andrade 和 Sangesland 使用有限元模拟评估了瞬态热负荷对水泥环完整性的影响[80]。Medeiros 等通过有限元模拟研究了井中水泥环的热机械行为[81]。Li 等提出了一种分阶段有限元程序，使用热流固耦合建模方法分析井筒整个生命周期中的应力和位移发展[82]。龙丽洁通过实验和数值模拟分析了温度-渗流-应力耦合作用下的砂岩的力学特性和渗流特性[83]。可以发现，目前对于径向成层结构，热固耦合方面理论相当完善，可供学习参考的数学方法很多，但对于热流固耦合问题的理论研究尚不充分。而在数值模拟方法层面，已经有许多完善的径向成层结构的热流固耦合模型。

1.2 本书主要内容简介

本书共分为 5 章，第 1 章介绍层状多孔介质的研究历史和研究现状，第 2~4 章介绍层状多孔介质热流固耦合问题的解析解，第 5 章介绍层状多孔介质热流固耦合问题的计算实例。第 2~5 章的主要内容如下：

第 2 章：基于 Biot 理论，建立了直角坐标系下水平成层结构多孔介质的流固耦合形式，之后通过 Laplace 变换、特征值理论和 Pseudo-Stroh 方法构造了 Laplace 域上单层多孔弹性介质解的形式，或多层多孔弹性介质任一层上解的形式，再基于传播矩阵法获取多孔弹性介质各物理量 Laplace 域上的通解，并根据边界条件确定各物理量 Laplace 域上的特解，通过 Laplace 数值反演方法获取真实物理域下多孔弹性介质的流固耦合通解，推导了内部点源作用下的水平成层结构的瞬态流固耦合解析解。

第 3 章：基于第 2 章的流固耦合解，引入了温度场方程。将水平成层结构的流固耦合解拓展为水平成层结构的热流固耦合解，并就内部点源和表面两种载荷的情况展开研究，给出了两种情况下的解析解。

第 4 章：通过 Laplace 变换处理方程中的非稳态项，通过 Fourier 展开处理边界条件。同时，基于应力函数法，引入用于处理热流固耦合问题的特殊函数，建立柱坐标系下三维轴对称结构多孔介质的热流固耦合的模型。再借助分离变量法求解方程获得 Laplace 域下三维轴对称结构热流固耦合通解，通过 Laplace 反变换得到真实物理域下的解。之后讨论了三维轴对称结构有限边界和无穷远边界两种条件下的解析解。

第 5 章：介绍了孔隙介质热流固耦合模拟方法，建立了水平成层和三维径向成层结构的热流固耦合模型，开展了单层各向同性结构的热流固耦合计算，理论解和有限元解二者相互佐证。为了解决套管–水泥环–地层组合体热流固耦合问题，研究了套管–水泥环–地层组合体这种径向成层结构的热流固耦合响应，与有限元解对比证明了解析解的准确性，并通过改变材料参数分析了水泥环参数对套管–水泥环–地层组合体热流固耦合效应的影响。

参 考 文 献

[1] 吴迪. 多孔介质若干多场耦合问题的基本解[D]. 北京：中国农业大学，2017.

[2] 郭颖. 饱和多孔地基广义热–水–力耦合问题动力响应研究[D]. 天津：天津大学，2019.

[3] 张志超. 饱和岩土体多场耦合热力学本构理论及模型研究[D]. 北京：清华大学，2013.

[4] 刘峰，朱庆杰，程雨，等. 多孔介质热流固耦合问题及研究进展[J]. 岩土力学，2009，30(S2)：254-256.

[5] BIOT M A. Theory of elasticity and consolidation for a porous anisotropic solid[J]. Journal of Applied Physics，1955，26(2)：182-185.

[6] BIOT M A. General theory of three-dimensional consolidation[J]. Journal of Applied Physics，1941，12(2)：155-164.

[7] BIOT M A. General solutions of equations of elasticity and consolidation for a porous material [J]. Journal of Applied Mechanics，1956，23：91-96.

[8] CLEARY M P. Fundamental solutions for a fluid-saturated porous solid[J]. International

Journal of Solids and Structures, 1977, 13(9): 785-806.

[9] RUDNICKI J W. Fluid mass sources and point forces in linear elastic diffusive solids[J]. Mechanics of Materials, 1986, 5(4): 383-393.

[10] VAZIRI H H. Coupled fluid flow and stress analysis of oil sands subject to heating[J]. Journal of Canadian Petroleum Technology, 1988, 27(5).

[11] LI X Y, CHEN W Q, WANG H Y. General steady-state solutions for transversely isotropic thermoporoelastic media in three dimensions and its application[J]. European Journal of Mechanics-A/Solids, 2010, 29(3): 317-326.

[12] LIU H, PAN E. Time-harmonic loading over transversely isotropic and layered elastic half-spaces with imperfect interfaces[J]. Soil Dynamics and Earthquake Engineering, 2018, 107: 35-47.

[13] KEAWSAWASVONG S, SENJUNTICHAI T. Poroelastodynamic fundamental solutions of transversely isotropic half-plane[J]. Computers and Geotechnics, 2019, 106: 52-67.

[14] BA Z N, LIANG J W. Fundamental solutions of a multi-layered transversely isotropic saturated half-space subjected to moving point forces and porepressure[J]. Engineering Analysis with Boundary Elements, 2017, 76: 40-58.

[15] SENEVIRATNE H, CARTER J P, BOOKER J R. Analysis of fully coupled thermomechanical behaviour around a rigid cylindrical heat source buried in clay[J]. International Journal for Numerical Analytical Methods in Geomechanics, 1994, 18(3): 177-203.

[16] ZHANG Y K, HUANG Y. The non-axisymmetrical dynamic response of transversely isotropic saturated poroelastic media[J]. Applied Mathematics and Mechanics(English Edition), 2001, 22(1): 63-78.

[17] WANG X G, HUANG Y. 3-D dynamic response of transversely isotropic saturated soils[J]. Applied Mathematics and Mechanics(English Edition), 2005, 26(11): 1409-1419.

[18] CHEN L. Three-dimensional Green's function for an anisotropic multi-layered half-space[J]. Computational Mechanics, 2015, 56(5): 795-814.

[19] AI Z Y, HU Y D, CHENG Y C. Non-axisymmetric consolidation of poroelastic multilayered

materials with anisotropic permeability and compressible constituents [J]. Applied Mathematical Modelling, 2014, 38(2): 576-587.

[20] AI Z Y, WANG L J, SHI B K. Quasi-static analysis of saturated multi-layered soils with anisotropic permeability and elastic superstrata[J]. European Journal of Environmental Civil Engineering, 2021, 25(6): 988-1001.

[21] AI Z Y, WANG L J. Axisymmetricthermal consolidation of multilayered porous thermoelastic media due to a heat source[J]. International Journal for Numerical Analytical Methods in Geomechanics, 2015, 39(17): 1912-1931.

[22] AI Z Y, GU G L, WANG X M. Thermo-hydro-mechanical coupled responses of layered transversely isotropic saturated media under moving thermal and mechanical loads [J]. Computers Geotechnics, 2024, 167: 106109.

[23] YANG Z, RONALDO I B. A continuum framework for coupled solid deformation-fluid flow through anisotropic elastoplastic porous media[J]. Computer Methods in Applied Mechanics and Engineering, 2020, 369(113225): 1-28.

[24] LIU H, CAI Y, ZHONG Y, et al. Thermo-hydro-mechanical response of a multi-layered pavement with imperfect interface based on dual variable and position method[J]. Applied Mathematical Modelling, 2021, 99: 704-729.

[25] ZHAO Y, BORJA R I. Anisotropic elastoplastic response of double-porosity media [J]. Computer methods in applied mechanics and engineering, 2021, 380: 113797.

[26] BA Z N, LIANG J W, LEE V W, et al. Free-field response of a transversely isotropic saturated half-space subjected to incident plane qP1-and qSV-waves[J]. Soil Dynamics and Earthquake Engineering, 2019, 125: 105702.

[27] BA Z N, NIU J Q, LIU Y, et al. Dynamic response of a multi-scale layered saturated porous half-space due to seismic dislocation source by using a revised dynamic stiffness matrix method[J]. Applied Mathematical Modelling, 2023, 120: 217-245.

[28] BA Z N, LIU Y, LIANG J W, et al. Near-fault broadband seismograms synthesis in a stratified transversely isotropic half-space using a semi-analytical frequency-wavenumber method[J]. Engineering Analysis with Boundary Elements, 2023, 146: 1-16.

[29] HAO Q, GREENHALGH S, HUANG X G, et al. Viscoelastic wave propagation for nearly constant Q transverse isotropy[J]. Geophysical Prospecting, 2022, 70(7): 1176-1192.

[30] VASHISHTH A, RANI K, SINGH K. Two dimensional deformation of a multilayered thermoelastic half-space due to surface loads and heat source[J]. International Journal of Applied Mechanics Engineering, 25(1): 177-197.

[31] LI P, LU D. An analytical solution of two-dimensional flow and deformation coupling due to a point source within a finite poroelastic media[J]. Journal of Applied Mechanics-Transactions of the ASME, 2011, 78(6): 1-6.

[32] LI P, WANG K, LU D. Analytical solution of plane-strain poroelasticity due to surface loading within a finite rectangular domain [J]. International Journal of Geomechanics, 2016, 17(4): 04016089.

[33] WU D, LI X Y, YU L Y, et al. A refined theory of axisymmetric poroelastic circular cylinder[J]. Acta Mechanica Solida Sinica, 2016, 29(5): 527-535.

[34] AI Z Y, WANG L J J A M M. Three-dimensional thermo-hydro-mechanical responses of stratified saturated porothermoelastic material[J]. Applied Mathematical Modelling, 2016, 40(21-22): 8912-8933.

[35] LI P, WANG K, FANG G, et al. Steady-state analytical solutions of flow and deformation coupling due to a point sink within a finite fluid-saturated poroelastic layer[J]. International Journal for Numerical and Analytical Methods in Geomechanics, 2017, 41(8): 1093-1107.

[36] WANG L J, WANG L H. Semianalytical analysis of creep and thermal consolidation behaviors in layered saturated clays[J]. Journal of Canadian Petroleum Technology, 2020, 20(4): 06020001.

[37] YANG L Z, HE F M, LI Y, et al. Three-dimensional steady-state closed form solution for multilayered fluid-saturated anisotropic finite media due to surface/internal point source[J]. Applied Mathematics and Mechanics(English Edition), 2021, 42(1): 17-38.

[38] HUANG X G, GREENHALGH S, HAN L, et al. Generalized effective Biot theory and seismic wave propagation in anisotropic, poroviscoelastic media[J]. Journal of Geophysical

Research: Solid Earth, 2022, 127(3): e2021JB023590.

[39] HAN L, HUANG X G, HAO Q, et al. Incorporating the nearly constant Q models into 3-D poro-viscoelastic anisotropic wave modeling[J]. IEEE Transactions on Geoscience Remote Sensing, 2023.

[40] 何光辉. 饱和土一维动力响应分析的弱式微分求积元法[J]. 力学季刊, 2019, 40 (2): 403-411.

[41] WEN M J, WANG K H, WU W B, et al. Dynamic response of bilayered saturated porous media based on fractional thermoelastic theory[J]. Journal of Zhejiang University-SCIENCE A, 2021, 22(12): 992-1004.

[42] WANG L J. An analytical model for 3D consolidation and creep process of layered fractional viscoelastic soils considering temperature effect [J]. Soils Foundations, 2022, 62 (2): 101124.

[43] TANG C X, LU Z, GOH S H, et al. Semi-analytical solution for dynamic thermo-mechanical responses of multi-layered thermo-poroelastic media[J]. Geothermics, 2024, 117: 102885.

[44] LEWIS R W, MAJORANA C E, SCHREFLER BA. A coupled finite element model for the consolidation of nonisothermal elastoplastic porous media[J]. Transport in porous media, 1986, 1: 155-178.

[45] NAIR R, ABOUSLEIMAN Y, ZAMAN M. A finite element porothermoelastic model for dual-porosity media [J]. International Journal for Numerical Analytical Methods in Geomechanics, 2004, 28(9): 875-898.

[46] BOWER K, ZYVOLOSKI G. A numerical model for thermo-hydro-mechanical coupling in fractured rock[J]. International Journal of Rock Mechanics Mining Sciences, 1997, 34 (8): 1201-1211.

[47] SMITH D W, BOOKER J R. Boundary element analysis of linear thermoelastic consolidation [J]. International Journal for Numerical Analytical Methods in Geomechanics, 1996, 20 (7): 457-488.

[48] EL-ZEIN A. Laplace boundary element model for the thermoelastic consolidation of

multilayered media[J]. International Journal of Geomechanics, 2006, 6(2): 136-140.

[49] 王欣, 房建宏, 徐安花, 等. 格宾石笼挡土墙——水热力三场耦合数值模拟研究[J]. 青海交通科技, 2023, 35(2): 154-158.

[50] LU S F, LAN T G, ZHAO T Y, et al. Thermo-hydro-mechanical behavior of unsaturated loess considering the effect of porosity and temperature on water retention properties[J]. International Journal of Geomechanics, 2023, 23(10): 04023174.

[51] 朱媛媛, 杨骁, 吴海涛. 流体饱和多孔热弹性对称平面的动力学分析[J]. 上海大学学报(自然科学版), 2022, 28(1): 145-156.

[52] AZIZ A, TORABI M. Thermal stresses in a hollow cylinder with convective boundary conditions on the inside and outside surfaces[J]. Journal of Thermal Stresses, 2013, 36(10): 1096-1111.

[53] QIAN H, LO S-H, ZHOU D, et al. 3-D thermo-stress field in laminated cylindrical shells[J]. Computer Modeling in Engineering Sciences, 2019, 121(1): 215-247.

[54] MEHDITABAR A, RAHIMI G, ANSARI SADRABADI S. Three-dimensional magneto-thermo-elastic analysis of functionally graded cylindrical shell[J]. Applied Mathematics Mechanics of Materials, 2017, 38: 479-494.

[55] ARAGH B S, ZEIGHAMI A, RAFIEE M, et al. 3-D thermo-elastic solution for continuously graded isotropic and fiber-reinforced cylindrical shells resting on two-parameter elastic foundations[J]. Applied Mathematical Modelling, 2013, 37(9): 6556-6576.

[56] ZHANG Z, ZHOU D, LIM Y M, et al. Analytical solutions for multilayered pipes with temperature-dependent properties under non-uniform pressure and thermal load[J]. Applied Mathematical Modelling, 2022, 106: 369-389.

[57] QIAN H, ZHOU D, LIU W Q, et al. Thermal stresses in layered thick cylindrical shells of infinite length[J]. Journal of Thermal Stresses, 2017, 40(3): 322-343.

[58] HUANG X G, YANG J, YANG Z C. Thermo-elastic analysis of functionally graded graphene nanoplatelets(GPLs)reinforced closed cylindrical shells[J]. Applied Mathematical Modelling, 2021, 97: 754-770.

[59] WU P, YU F, YUE K, et al. Thermo-mechanical analysis of laminated cylindrical shell

with viscoelastic bonding interlayers[J]. Composite Structures, 2022, 300: 116159.

[60] XU X S, CHU H J, LIM C W. A symplectic Hamiltonian approach for thermal buckling of cylindrical shells[J]. International Journal of Structural Stability Dynamics, 2010, 10(2): 273-286.

[61] AI Z Y, YE Z K, CHU Z H. Transient disturbance of multilayered transversely isotropic media under buried thermal/mechanical sources[J]. International Journal of Mechanical Sciences, 2020, 187: 105928.

[62] XIA Y, JIN Y, CHEN M A, et al. Dynamic analysis of a cylindrical casing-cement structure in a poroelastic stratum[J]. International Journal for Numerical and Analytical Methods in Geomechanics, 2017, 41(12): 1362-1389.

[63] DE SIMONE M, PEREIRA F L G, ROEHL D M. Analytical methodology for wellbore integrity assessment considering casing-cement-formation interaction [J]. International Journal of Rock Mechanics and Mining Sciences, 2017, 94: 112-122.

[64] ZHANG Z, WANG H. Effect of thermal expansion annulus pressure on cement sheath mechanical integrity in HPHT gas wells[J]. Applied Thermal Engineering, 2017, 118: 600-611.

[65] ZHOU B, ZHANG X, ZHANG C, et al. A semi-analytical method for the stress distribution around a borehole with multiple casings and cement sheaths[J]. Geoenergy Science and Engineering, 2023, 229.

[66] CARRERA E. A class of two dimensional theories for multilayered plates analysis, Atti Accademia delle Scienze di Torino[J]. Mem Sci Fis, 1995, 19: 49-87.

[67] CARRERA E. Theories and finite elements for multilayered plates and shells: a unified compact formulation with numerical assessment and benchmarking [J]. Archives of Computational Methods in Engineering, 2003, 10: 215-296.

[68] BRISCHETTO S, CARRERA E. Thermal stress analysis by refined multilayered composite shell theories[J]. Archives of Computational Methods in Engineering, 2008, 32(1-2): 165-186.

[69] CARRERA E, ZOZULYA V V. Analytical solution for the micropolar cylindrical shell:

Carrera unified formulation(CUF)approach[J]. Continuum Mechanics, 2022: 1-21.

[70] DING H J, WANG H M, CHEN W Q. A theoretical solution of cylindrically isotropic cylindrical tube for axisymmetric plane strain dynamic thermoelastic problem[J]. Acta Mechanica Solida Sinica, 2001, 14(4): 357-363.

[71] MISRA J, ACHARI R. On axisymmetric thermal stresses in an anisotropic hollow cylinder [J]. Journal of Thermal Stresses, 1980, 3(4): 509-520.

[72] YUAN F G. Thermal stresses in thick laminated composite shells[J]. Composite Structures, 1993, 26(1-2): 63-75.

[73] XIA L P, DING K W. Three-dimensional thermoelastic solution for laminated cantilever cylindrical shell[J]. Aerospace Science Technology, 2001, 5(5): 339-346.

[74] BîRSAN M. Thermal stresses in anisotropic cylindrical elastic shells[J]. Mathematical Methods in the Applied Sciences, 2010, 33(6): 799-810.

[75] DING H J, WANG H M, CHEN W Q. Transient thermal stresses in an orthotropic hollow cylinder for axisymmetric problems[J]. Acta Mechanica Sinica, 2004, 20(5): 477-483.

[76] 汪鹏程, 孙玲玲, 开前正. 冲击荷载作用下软土隧道结构热-流-固耦合动力响应分析[J]. 岩土力学, 2012, 33(01): 185-190.

[77] NIU Z H, SHEN J Y, WANG L L, et al. Thermo-poroelastic modelling of cement sheath: pore pressure response, thermal effect and thermo-osmotic effect[J]. European Journal of Environmental and Civil Engineering, 2019, 26(2): 657-682.

[78] XIAO S, YUE Z Q. Elastic response of transversely isotropic and non-homogeneous geomaterials under circular ring concentrated and axisymmetric distributed loads[J]. Engineering Analysis with Boundary Elements, 2024, 158: 385-404.

[79] WEN M J, XIONG H R, XU J M. Thermo-hydro-mechanical response of a partially sealed circular tunnel in saturated rock under inner water pressure[J]. Tunnelling and Underground Space Technology, 2022, 126.

[80] DE ANDRADE J, SANGESLAND S. Cement sheath failure mechanisms: Numerical estimates to design for long-term well integrity[J]. Journal of Petroleum Science and

Engineering, 2016, 147: 682-698.

[81] MEDEIROS DE SOUZA W R, BOUAANANI N, MARTINELLI A E, et al. Numerical simulation of the thermomechanical behavior of cement sheath in wells subjected to steam injection[J]. Journal of Petroleum Science and Engineering, 2018, 167: 664-673.

[82] LI X R, GU C W, DING Z C, et al. THM coupled analysis of cement sheath integrity considering well loading history[J]. Petroleum Science, 2023, 20(1): 447-459.

[83] 龙丽洁. 温度-渗流-应力耦合作用下砂岩的力学特性和渗流特性研究[D]. 重庆: 重庆大学, 2021.

第2章 多孔介质水平成层有限区域流固耦合问题的求解

水平成层结构广泛存在于自然界和工程应用中，比如处理地层、油气井或者地下水等。本章基于多孔介质孔隙弹性理论构建了水平成层结构流固耦合模型，推导出了水平成层结构流固耦合通解，并给出了内部点源作用下水平成层结构流固耦合解析解。通过单层各向同性结构的算例以验证理论解的正确性，也构建了三层横观各向同性水平成层结构的算例来帮助更好地理解多孔介质的流固耦合效应。

2.1 问题描述和基本方程

如图 2.1 所示，在直角坐标系下考虑一个水平成层的 N 层多孔弹性各向异性有限介质，其尺寸为 $x \times y \times z = L_x \times L_y \times H$，介质的顶面为 $z_0 = 0$，底面为 $z_N = H$，第 j 层的上表面和下表面坐标分别为 z_{j-1} 和 z_j，因而第 j 层的厚度为 $h_j = z_j - z_{j-1}$。沿着层与层的界面，z 方向的应力和通量遵循连续介质假定。同时，介质顶部自由，底部固定且不可穿透，四边为简支边界[1]。其边界条件的表达式如下：

$$\begin{cases} \text{当 } x=0 \text{ 或 } x=L_x \text{ 时：} u_y=u_z=0, \ P=0, \ \partial_x u_x=0 \\ \text{当 } y=0 \text{ 或 } y=L_y \text{ 时：} u_x=u_z=0, \ P=0, \ \partial_y u_y=0 \\ \text{当 } z=H \text{ 时：} u_x=u_y=u_z=0, \ v_z=0 \end{cases} \quad (2.1)$$

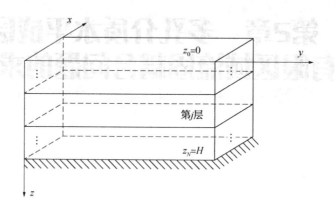

图 2.1　N 层多孔各向异性有限介质示意图

对于各向异性多孔介质流固耦合问题，基于多孔介质弹性理论，构建了多孔弹性介质的应力场方程和渗流场方程。

所述应力场方程包括应力平衡方程(2.2)和本构方程组(2.3)：

$$\partial_j \sigma_{ij}=0 \quad (2.2)$$

$$\begin{cases} \varepsilon_{ij}=(\partial_j u_i+\partial_i u_j)/2 \\ \sigma_{11}=C_{11}\varepsilon_{11}+C_{12}\varepsilon_{22}+C_{13}\varepsilon_{33}-\alpha_1 P \\ \sigma_{22}=C_{21}\varepsilon_{11}+C_{22}\varepsilon_{22}+C_{23}\varepsilon_{33}-\alpha_2 P \\ \sigma_{33}=C_{31}\varepsilon_{11}+C_{32}\varepsilon_{22}+C_{33}\varepsilon_{33}-\alpha_3 P \\ \sigma_{23}=\sigma_{32}=2C_{44}\varepsilon_{23} \\ \sigma_{13}=\sigma_{31}=2C_{55}\varepsilon_{13} \\ \sigma_{12}=\sigma_{21}=2C_{66}\varepsilon_{12} \end{cases} \quad (2.3)$$

本构方程组中(2.3)压力项 P 的表达式为

$$P=M\xi-\alpha_1 M\varepsilon_{11}-\alpha_2 M\varepsilon_{22}-\alpha_3 M\varepsilon_{33} \quad (2.4)$$

式中，$\partial_j\sigma_{ij}$ 表示物理量 σ_{ij} 对 j 轴的偏导数；σ_{ij} 表示与 i 轴垂直的面上与 j 轴方向一致的应力，N/m^2；ε_{ij} 为与 i 轴垂直的面上与 j 轴方向一致的应变；u_i 为与 i 轴垂直的面上的位移，m；C_{ij} 为与 i 轴垂直的面上与 j 轴方向一致的弹性系数，N/m^2；C_{44}、C_{55}、C_{66} 为剪切模量，N/m^2；P 为压力，Pa；ξ 为容水度，%；$i=1$，2，3；$j=1$，2，3；α_i 为与 i 轴垂直的面上的 Biot 固结系数。

所述渗流场方程包括运动方程(2.5)和质量守恒方程(2.6)：

$$v_i = -\frac{k_{ii}}{\rho_f g}\partial_i P \tag{2.5}$$

$$\frac{\partial \xi}{\partial t} - \left(\frac{k_{11}}{\rho_f g}\partial_1^2 + \frac{k_{22}}{\rho_f g}\partial_2^2 + \frac{k_{33}}{\rho_f g}\partial_3^2\right)P = 0 \tag{2.6}$$

式中，v_i 为与 i 轴垂直的面上的渗流速度，m/s；k_{ij} 为与 i 轴垂直的面上与 j 方向一致的渗透系数，m/s；g 为重力加速度，m/s^2；ξ 为容水度，%；ρ_f 为流体密度，kg/m^3；$i=1$，2，3；$j=1$，2，3。为了便于后面书写，令 $K_{ii}=k_{ii}/(\rho_f g)$。

由于渗流场和应力场之间物理量的量级差距过大，在开始求解之前，需要对所有方程无量纲化，各个物理量无量纲的表达式(2.7)如下：

$$\hat{\sigma}_{ij} = \frac{\sigma_{ij}}{(C_{ii})_{\max}}$$

$$\hat{C}_{ii} = \frac{C_{ii}}{(C_{ii})_{\max}}$$

$$\hat{x}_i = \frac{x_i}{X_{\max}}$$

$$\hat{P} = \frac{P}{(C_{ii})_{\max}} \tag{2.7}$$

$$\hat{K}_{ii} = \frac{K_{ii}}{K_{\max}}$$

$$\hat{M} = \frac{M}{(C_{ii})_{\max}}$$

$$\hat{t} = \frac{(C_{ii})_{\max} K_{\max}}{X_{\max}^2} t$$

$$\hat{v}_i = \frac{X_{\max} v_i}{(C_{ii})_{\max} K_{\max}}$$

式中，上标^代表无量纲量。对所有方程进行了无量纲化后，此后的所有物理量均默认为无量纲量，由于其他数学方法同样需要上标，为了方程的简洁省略无量纲上标，仅在后文中量纲回归再次出现。

至此，有关直角坐标系下的水平成层结构流固耦合的基本方程已经介绍完毕，下面开始水平成层的流固耦合理论的求解。

2.2 水平成层结构各向异性多孔介质流固耦合通解

为了处理 2.1 节中方程中的非稳态项，对含有时间项的方程(2.6)进行 Laplace 变换，将物理域下的物理量转换为 Laplace 域下的物理量，Laplace 变换的原理如下[3]：

$$\tilde{f}(x, y, z, w) = \int_0^\infty f(x, y, z, t) e^{-wt} dt \qquad (2.8)$$

式中，上标~表示 Laplace 域下的物理量；w 表示物理域中的时间变换到 Laplace 域中的相应量。变换结果如下：

$$\tilde{P}w/M + \alpha_1 w \partial_1 \tilde{u}_1 + \alpha_2 w \partial_2 \tilde{u}_2 + \alpha_3 w \partial_3 \tilde{u}_3 - (K_{11}\partial_1^2 + K_{22}\partial_2^2 + K_{33}\partial_3^2)\tilde{P} = 0 \qquad (2.9)$$

接着，根据三维层状介质四个侧面简支的边界条件形式，参考文献[2]的方法，得到满足边界条件形式的第 j 层多孔弹性介质的通解形式为

$$\widetilde{U} = \begin{bmatrix} \tilde{u}_x \\ \tilde{u}_y \\ \tilde{u}_z \\ \tilde{P} \end{bmatrix} = \sum_m \sum_n \begin{bmatrix} \bar{u}_x \cos\gamma x \sin\beta y \\ \bar{u}_y \sin\gamma x \cos\beta y \\ \bar{u}_z \sin\gamma x \sin\beta y \\ \bar{P} \sin\gamma x \sin\beta y \end{bmatrix} \tag{2.10}$$

$$= \sum_m \sum_\delta e^{s(z-z_{j-1})} \begin{bmatrix} a_1 \cos\gamma x \sin\beta y \\ a_2 \sin\gamma x \cos\beta y \\ a_3 \sin\gamma x \sin\beta y \\ a_4 \sin\gamma x \sin\beta y \end{bmatrix}$$

$$\widetilde{\Pi} = \begin{bmatrix} \overset{\sim}{\sigma}_{zx} \\ \overset{\sim}{\sigma}_{zy} \\ \overset{\sim}{\sigma}_{zz} \\ \tilde{v}_z \end{bmatrix} = \sum_m \sum_n \begin{bmatrix} \bar{\sigma}_{zx} \cos\gamma x \sin\beta y \\ \bar{\sigma}_{zy} \sin\gamma x \cos\beta y \\ \bar{\sigma}_{zz} \sin\gamma x \sin\beta y \\ \bar{v}_z \sin\gamma x \sin\beta y \end{bmatrix} \tag{2.11}$$

$$= \sum_m \sum_\delta e^{s(z-z_{j-1})} \begin{bmatrix} b_1 \cos\gamma x \sin\beta y \\ b_2 \sin\gamma x \cos\beta y \\ b_3 \sin\gamma x \sin\beta y \\ b_4 \sin\gamma x \sin\beta y \end{bmatrix}$$

$$
\begin{bmatrix} \tilde{\sigma}_{xx} \\ \tilde{\sigma}_{yy} \\ \tilde{\sigma}_{xy} \\ \tilde{v}_x \\ \tilde{v}_y \end{bmatrix} = \sum_m \sum_n \begin{bmatrix} \bar{\sigma}_{xx}\sin\gamma x\sin\beta y \\ \bar{\sigma}_{yy}\sin\gamma x\sin\beta y \\ \bar{\sigma}_{xy}\cos\gamma x\cos\beta y \\ \bar{v}_x\cos\gamma x\sin\beta y \\ \bar{v}_y\sin\gamma x\cos\beta y \end{bmatrix}
\tag{2.12}
$$

$$
= \sum_m \sum_n e^{s(z-z_{j-1})} \begin{bmatrix} q_1\sin\gamma x\sin\beta y \\ q_2\sin\gamma x\sin\beta y \\ q_3\cos\gamma x\cos\beta y \\ q_4\cos\gamma x\sin\beta y \\ q_5\sin\gamma x\cos\beta y \end{bmatrix}
$$

式中，上标-表示 Laplace 域中与角度无关的量；$\gamma=m\pi/L_x$，$\beta=n\pi/L_y$，m 和 n 是傅里叶展开中的自然数；$a_1\sim a_4$、$b_1\sim b_4$、$q_1\sim q_5$ 是待求解的未知数，共 13 个；z_{j-1} 表示第 j 层介质的顶面坐标值，z 表示第 j 层中计算点的纵坐标，$z_{j-1}\leqslant z\leqslant z_j$ 且 j 是正整数。将求解的未知数 $a_1\sim a_4$、$b_1\sim b_4$、$q_1\sim q_5$ 定义为系数矩阵：

$$
\begin{aligned}
\boldsymbol{a} &= \begin{bmatrix} a_1, & a_2, & a_3, & a_4 \end{bmatrix}^{\mathrm{T}} \\
\boldsymbol{b} &= \begin{bmatrix} b_1, & b_2, & b_3, & b_4 \end{bmatrix}^{\mathrm{T}} \\
\boldsymbol{q} &= \begin{bmatrix} q_1, & q_2, & q_3, & q_4, & q_5 \end{bmatrix}^{\mathrm{T}}
\end{aligned}
\tag{2.13}
$$

观察系数矩阵 $\boldsymbol{a}$ 和 $\boldsymbol{b}$ 之间的联系，将通解形式式(2.10)和式(2.12)代入到本构方程组(2.3)和达西定律(2.5)中，求解得到

$$
\boldsymbol{b} = (-\boldsymbol{E}^{\mathrm{T}}+s\boldsymbol{D})\boldsymbol{a}
\tag{2.14}
$$

式中，E 和 D 的具体形式如下：

$$E = \begin{bmatrix} 0 & 0 & C_{31}\gamma & 0 \\ 0 & 0 & C_{32}\beta & 0 \\ -C_{55}\gamma & -C_{44}\beta & 0 & 0 \\ 0 & 0 & \alpha_3 & 0 \end{bmatrix}$$

$$D = \begin{bmatrix} C_{55} & 0 & 0 & 0 \\ 0 & C_{44} & 0 & 0 \\ 0 & 0 & C_{33} & 0 \\ 0 & 0 & 0 & -K_{33} \end{bmatrix}$$

(2.15)

根据同样的代入方法可以得到系数矩阵 a 和 q 之间的关系：

$$q = \begin{bmatrix} -C_{11}\gamma & -C_{12}\beta & C_{13}s & -\alpha_1 \\ -C_{21}\gamma & -C_{22}\beta & C_{23}s & -\alpha_2 \\ C_{66}\beta & C_{66}\gamma & 0 & 0 \\ 0 & 0 & 0 & -K_{11}\gamma \\ 0 & 0 & 0 & -K_{22}\beta \end{bmatrix} a$$

(2.16)

此时，观察三个系数矩阵之间的联系，将式(2.11)和式(2.12)代入应力平衡方程(2.2)和质量守恒方程(2.6)中，求解得到

$$\left[Q + s(E - E^{\mathrm{T}} + \Omega) + s^2 D \right] a = 0$$

(2.17)

式中，Q、E、Ω 和 D 都是由物理量构成的矩阵，没有包含特征值 s，具体表达式如下：

$$Q = \begin{bmatrix} -(C_{11}\gamma^2 + C_{66}\beta^2) & -(C_{12}+C_{66})\beta\gamma & 0 & -\alpha_1\gamma \\ -(C_{21}+C_{66})\gamma\beta & -(C_{66}\gamma^2 + C_{22}\beta^2) & 0 & -\alpha_2\beta \\ 0 & 0 & -(C_{55}\gamma^2 + C_{44}\beta^2) & 0 \\ -\gamma\alpha_1 w & -\beta\alpha_2 w & 0 & w/M + K_{11}\gamma^2 + K_{22}\beta^2 \end{bmatrix}$$

$$\boldsymbol{\Omega} = \begin{bmatrix} 0 & 0 & 0 & 0 \\ 0 & 0 & 0 & 0 \\ 0 & 0 & 0 & 0 \\ 0 & 0 & -\alpha_3+\alpha_3 w & 0 \end{bmatrix} \tag{2.18}$$

根据特征值理论[3]，假设存在一个特征值为 s 的 $\boldsymbol{N}$ 矩阵，$\boldsymbol{\eta} = \{a,\ b\}^{\mathrm{T}}$ 为 $\boldsymbol{N}$ 矩阵的特征向量，可以得到

$$\boldsymbol{N\eta} = s\boldsymbol{\eta},\quad \boldsymbol{\eta} = \{a,\ b\}^{\mathrm{T}} \tag{2.19}$$

鉴于特征向量 $\boldsymbol{\eta}$ 是由两个未知系数矩阵组成，将 $\boldsymbol{N}$ 矩阵拆解成 $\begin{bmatrix} N_1 & N_2 \\ N_3 & N_4 \end{bmatrix}$ 的形式，则有

$$\begin{bmatrix} N_1 & N_2 \\ N_3 & N_4 \end{bmatrix} \begin{bmatrix} a \\ b \end{bmatrix} = s \begin{bmatrix} a \\ b \end{bmatrix} \tag{2.20}$$

再结合式（2.14）和式（2.17），通过求解可以得到 $\boldsymbol{N}$ 矩阵的具体表达式：

$$\boldsymbol{N} = \begin{bmatrix} \boldsymbol{D}^{-1}\boldsymbol{E}^{\mathrm{T}} & \boldsymbol{D}^{-1} \\ -\boldsymbol{Q}-(\boldsymbol{E}+\boldsymbol{\Omega})\boldsymbol{D}^{-1}\boldsymbol{E}^{\mathrm{T}} & -(\boldsymbol{E}+\boldsymbol{\Omega})\boldsymbol{D}^{-1} \end{bmatrix} \tag{2.21}$$

至此，我们得到了第 j 层的 $\boldsymbol{N}$ 矩阵，此外，$\boldsymbol{N}$ 矩阵的各个参数均为常数，这样我们可以根据 $\boldsymbol{N}$ 矩阵的数值求得特征值 s 和特征向量 $\boldsymbol{\eta}$。

下面我们用传递矩阵法[3]将第 j 层的 $\boldsymbol{N}$ 矩阵扩展到整个水平成层结构。将和的通解写成如下形式：

$$\begin{bmatrix} \overline{\boldsymbol{U}} \\ \overline{\boldsymbol{\Pi}} \end{bmatrix}_{z_{j-1} \leqslant z \leqslant z_j} = \begin{bmatrix} \boldsymbol{A} \\ \boldsymbol{B} \end{bmatrix} \left\langle e^{s^*(z-z_{j-1})} \right\rangle \begin{bmatrix} \boldsymbol{K}_1 \\ \boldsymbol{K}_2 \end{bmatrix} \tag{2.22}$$

各部分具体表达式（2.23）如下：

$$\left[\begin{matrix}\overline{U}\\\overline{\Pi}\end{matrix}\right]^{\mathrm{T}}=\left[\,\overline{u}_x,\ \overline{u}_y,\ \overline{u}_z,\ \overline{P},\ \overline{\sigma}_{zx},\ \overline{\sigma}_{zy},\ \overline{\sigma}_{zz},\ \overline{v}_z\,\right]$$

$$A^T=\left[\,a_1,\ a_2,\ a_3,\ a_4,\ a_5,\ a_6,\ a_7,\ a_8\,\right] \tag{2.23}$$

$$B^T=\left[\,b_1,\ b_2,\ b_3,\ b_4,\ b_5,\ b_6,\ b_7,\ b_8\,\right]$$

$$\langle\mathrm{e}^{s^*z}\rangle=diag\left[\,\mathrm{e}^{s_1z},\ \mathrm{e}^{s_2z},\ \mathrm{e}^{s_3z},\ \mathrm{e}^{s_4z},\ \mathrm{e}^{s_5z},\ \mathrm{e}^{s_6z},\ \mathrm{e}^{s_7z},\ \mathrm{e}^{s_8z}\,\right]$$

式中，$a_1\sim a_8$ 和 $b_1\sim b_8$ 是根据公式求出的与特征值 s 对应的特征向量。

令 $z=z_{j-1}$，代入式（2.22）中可以得到

$$\left[\begin{matrix}K_1\\K_2\end{matrix}\right]=\left[\begin{matrix}A\\B\end{matrix}\right]^{-1}\left[\begin{matrix}\overline{U}\\\overline{\Pi}\end{matrix}\right]_{z=z_{j-1}} \tag{2.24}$$

再将式（2.24）代入式（2.22）中，则有

$$\left[\begin{matrix}\overline{U}\\\overline{\Pi}\end{matrix}\right]_{z_{j-1}\leqslant z\leqslant z_j}=\left[\begin{matrix}A\\B\end{matrix}\right]\left\langle\mathrm{e}^{s^*(z-z_{j-1})}\right\rangle\left[\begin{matrix}A\\B\end{matrix}\right]^{-1}\left[\begin{matrix}\overline{U}\\\overline{\Pi}\end{matrix}\right]_{z=z_{j-1}}=F_j(z-z_{j-1})\left[\begin{matrix}\overline{U}\\\overline{\Pi}\end{matrix}\right]_{z=z_{j-1}} \tag{2.25}$$

令 $z=z_j$，代入式（2.25）中可以得到

$$\left[\begin{matrix}\overline{U}\\\overline{\Pi}\end{matrix}\right]_{z=z_j}=\left[\begin{matrix}A\\B\end{matrix}\right]\left\langle\mathrm{e}^{s^*h_j}\right\rangle\left[\begin{matrix}A\\B\end{matrix}\right]^{-1}\left[\begin{matrix}\overline{U}\\\overline{\Pi}\end{matrix}\right]_{z=z_{j-1}}=F_j(h_j)\left[\begin{matrix}\overline{U}\\\overline{\Pi}\end{matrix}\right]_{z=z_{j-1}} \tag{2.26}$$

式中，$F_j(h_j)=\left[\begin{matrix}A\\B\end{matrix}\right]\left\langle\mathrm{e}^{s^*h_j}\right\rangle\left[\begin{matrix}A\\B\end{matrix}\right]^{-1}$，表示第 j 层的传递矩阵；第 j 层的厚度为

$h_j=z_j-z_{j-1}$。

当 $j=j+1$ 时，有

$$\left[\begin{matrix}\overline{U}\\\overline{\Pi}\end{matrix}\right]_{z=z_{j+1}}=\left[\begin{matrix}A\\B\end{matrix}\right]\left\langle\mathrm{e}^{s^*h_{j+1}}\right\rangle\left[\begin{matrix}A\\B\end{matrix}\right]^{-1}\left[\begin{matrix}\overline{U}\\\overline{\Pi}\end{matrix}\right]_{z=z_j}=F_{j+1}(h_{j+1})\left[\begin{matrix}\overline{U}\\\overline{\Pi}\end{matrix}\right]_{z=z_j} \tag{2.27}$$

不断重复这样的操作，我们可以得到全部层的表达式为

$$\left[\begin{matrix}\overline{U}\\\overline{\Pi}\end{matrix}\right]_{z=H}=G\left[\begin{matrix}\overline{U}\\\overline{\Pi}\end{matrix}\right]_{z=0} \tag{2.28}$$

式中，$G = F_N(h_N)F_{N-1}(h_{N-1})\cdots F_2(h_2)F_1(h_1)$。

根据通解形式，得到顶部 Laplace 域上的物理量形式 $\begin{bmatrix} \widetilde{U} \\ \widetilde{\Pi} \end{bmatrix}_{z=0}$ 和底部

Laplace 域上的物理量形式 $\begin{bmatrix} \widetilde{U} \\ \widetilde{\Pi} \end{bmatrix}_{z=H}$，再根据具体问题所给出的边界条件确定

$\begin{bmatrix} \widetilde{U} \\ \widetilde{\Pi} \end{bmatrix}_{z=0}$ 和 $\begin{bmatrix} \widetilde{U} \\ \widetilde{\Pi} \end{bmatrix}_{z=H}$ 的部分物理量，式(2.28)可以更改为如下形式：

$$\begin{bmatrix} \widetilde{u} \\ \widetilde{P} \\ \widetilde{t} \\ \widetilde{v}_z \end{bmatrix}_{z=H} = G \begin{bmatrix} \widetilde{u} \\ \widetilde{P} \\ \widetilde{t} \\ \widetilde{v}_z \end{bmatrix}_{z=0} = \begin{bmatrix} M_{11} & M_{12} & M_{13} & M_{14} \\ M_{21} & M_{22} & M_{23} & M_{24} \\ M_{31} & M_{32} & M_{33} & M_{34} \\ M_{41} & M_{42} & M_{43} & M_{44} \end{bmatrix} \begin{bmatrix} \widetilde{u} \\ \widetilde{P} \\ \widetilde{t} \\ \widetilde{v}_z \end{bmatrix}_{z=0} \qquad (2.29)$$

式中，M_{11}、M_{13}、M_{31} 和 M_{33} 为 G 矩阵中的 3×3 的子矩阵；M_{21}、M_{23}、M_{41} 和 M_{43} 为 G 矩阵中的 1×3 的子矩阵；M_{12}、M_{14}、M_{32} 和 M_{34} 为 G 矩阵中的 3×1 的子矩阵；M_{22}、M_{24}、M_{42} 和 M_{44} 为 G 矩阵中的常数。根据给定的边界条件求解出

$\begin{bmatrix} \widetilde{U} \\ \widetilde{\Pi} \end{bmatrix}_{z=0}$ 之后，使用传递矩阵法可以得到任意第 j 层 z 位置的物理量：

$$\begin{bmatrix} \widetilde{U} \\ \widetilde{\Pi} \end{bmatrix}_{z_{j-1} \leq z \leq z_j} = F_j(z-z_{j-1})\cdots F_2(h_2)F_1(h_1) \begin{bmatrix} \widetilde{U} \\ \widetilde{\Pi} \end{bmatrix}_{z=0} \qquad (2.30)$$

其余物理量的具体计算表达式(2.31)如下：

$$\widetilde{\sigma}_{xx} = \sum_{m,\,n}(-C_{11}\gamma\overline{u}_x - C_{12}\beta\overline{u}_y + C_{13}\Delta - \alpha_1\overline{P})\sin\gamma x\sin\beta y$$

$$\widetilde{\sigma}_{yy} = \sum_{m,\,n}(-C_{12}\gamma\overline{u}_x - C_{22}\beta\overline{u}_y + C_{23}\Delta - \alpha_2\overline{P})\sin\gamma x\sin\beta y$$

$$\widetilde{\sigma}_{xy} = \sum_{m,\,n}(C_{66}\beta\overline{u}_x + C_{66}\gamma\overline{u}_y)\cos\gamma x\cos\beta y \qquad (2.31)$$

$$\widetilde{v}_x = -\sum_{m,\,n}K_{11}\gamma\overline{P}\cos\gamma x\sin\beta y$$

$$\widetilde{v}_y = -\sum_{m,\,n}K_{22}\beta\overline{P}\sin\gamma x\cos\beta y$$

式中，$\Delta = (\overline{\sigma}_{zz} + \alpha_3\overline{P} + C_{13}\gamma\overline{u}_x + C_{23}\beta\overline{u}_y)/C_{33}$。

至此，水平成层结构各向异性多孔介质的通解已经求解完毕。此时的通解仍位于 Laplace 域下，且需要进行量纲回归，这些将在 2.3 节中讨论。

2.3 点源作用下水平成层结构各向异性多孔介质的解析解

在 2.2 节中，我们求解了水平成层结构各向异性多孔介质的通解，接着开始求解内部存在点源的情况。假设在介质内部第 j 层存在一个点流源 $Q^*(t)$，其坐标为 (x^*, y^*, z^*)，如图 2.2 所示。

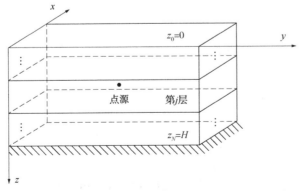

图 2.2　内部点源作用下 N 层多孔各向异性有限介质示意图

同样需要对内部点源 $Q = Q(x, y, z, t)$ 无量纲化和 Laplace 变换，得到 $\widetilde{Q} = \widetilde{Q}(\widetilde{x}, \widetilde{y}, \widetilde{z}, w)$，将其展开：

$$\widetilde{Q} = \int_0^{L_x} \int_0^{L_y} \widetilde{v_z} \mathrm{d}x\mathrm{d}y = \int_0^{L_x} \int_0^{L_y} Q^* \delta(x - x^*) \delta(y - y^*) \mathrm{d}x\mathrm{d}y \qquad (2.32)$$

式中，$\widetilde{v_z}$ 表示该点在 z 方向的通量；Q^* 表示点源的流量；$\delta(x-x^*)$ 和 $\delta(y-y^*)$ 是双傅里叶展开的迪利克雷方程；x^*、y^* 表示点源坐标。迪利克雷方程如下：

$$\delta(x - x^*)\delta(y - y^*) = \sum_{m,n} \frac{4}{L_x L_y} \sin(\gamma x^*) \sin(\beta y^*) \sin(\gamma x) \sin(\beta y)$$

$$(2.33)$$

因此可以得到

$$\widetilde{v_z} = Q^* \delta(x - x^*)\delta(y - y^*)$$
$$(2.34)$$
$$= \sum_{m,n} \frac{4Q^*}{L_x L_y} \sin(\gamma x^*) \sin(\beta y^*) \sin(\gamma x) \sin(\beta y)$$

对于 $z = z^*$ 处的界面，定义下表面为 z_+^*，上表面为 z_-^*，即 $z_+^* - z_-^* = 0$，则有

$$\widetilde{Q} = \int_0^{L_x} \int_0^{L_y} \left(\widetilde{v_z}\big|_{z=z_+^*} - \widetilde{v_z}\big|_{z=z_-^*} \right) \mathrm{d}x\mathrm{d}y$$
$$(2.35)$$
$$= \int_0^{L_x} \int_0^{L_y} Q^* \delta(x - x^*)\delta(y - y^*)\mathrm{d}x\mathrm{d}y$$

在 $z = z^*$ 界面，除 $\widetilde{v_z}$ 外其余物理量均一致，则有

$$\begin{bmatrix} \widetilde{u} \\ \widetilde{P} \\ \widetilde{t} \\ \widetilde{v_z} \end{bmatrix}_{z=z_-^*} - \begin{bmatrix} \widetilde{u} \\ \widetilde{P} \\ \widetilde{t} \\ \widetilde{v_z} \end{bmatrix}_{z=z_+^*} = \begin{bmatrix} \mathbf{0} \\ 0 \\ \mathbf{0} \\ Q^* \delta(x-x^*)\delta(y-y^*) \end{bmatrix} \qquad (2.36)$$

根据通解形式约去 $\sin(\gamma x)\sin(\beta y)$ 得到

$$
\begin{bmatrix} \bar{u} \\ \bar{P} \\ \bar{t} \\ \bar{v}_z \end{bmatrix}_{z=z_-^*} - \begin{bmatrix} \bar{u} \\ \bar{P} \\ \bar{t} \\ \bar{v}_z \end{bmatrix}_{z=z_+^*} = \begin{bmatrix} \mathbf{0} \\ 0 \\ \mathbf{0} \\ \bar{v}_z(z^*) \end{bmatrix}
\qquad(2.37)
$$

式中，$\bar{v}_z\big|_{z=z^*} = \dfrac{4Q^*}{L_x L_y}\sin(px^*)\sin(qy^*)$。

将顶底部的边界条件[式(2.1)]，代入传递矩阵方程中，有

$$
\begin{bmatrix} \bar{u} \\ \bar{P} \\ \bar{t} \\ \bar{v}_z \end{bmatrix}_{z=z_-^*} = \boldsymbol{F}_j(z^*-z_j)\cdots\boldsymbol{F}_2(h_2)\boldsymbol{F}_1(h_1) \begin{bmatrix} \bar{u} \\ 0 \\ \mathbf{0} \\ \bar{v}_z \end{bmatrix}_{z=0}
$$

$$
\begin{bmatrix} \mathbf{0} \\ \bar{P} \\ \bar{t} \\ 0 \end{bmatrix}_{z=H} = \boldsymbol{F}_N(h_N)\cdots\boldsymbol{F}_{j+1}(h_{j+1})\boldsymbol{F}_j(z_{j+1}-z^*) \begin{bmatrix} \bar{u} \\ \bar{P} \\ \bar{t} \\ \bar{v}_z \end{bmatrix}_{z=z_+^*}
\qquad(2.38)
$$

综合式(2.37)和式(2.38)，可以得到如下的表达式：

$$
\begin{bmatrix} \mathbf{0} \\ \bar{P} \\ \bar{t} \\ 0 \end{bmatrix}_{z=H} = \boldsymbol{F}_N(h_N)\cdots\boldsymbol{F}_{j+1}(h_{j+1})\boldsymbol{F}_j(z_{j+1}-z^*) \begin{bmatrix} \mathbf{0} \\ 0 \\ \mathbf{0} \\ \bar{v}_z(z^*) \end{bmatrix} +
$$

$$F_N(h_N)F_{N-1}(h_{N-1})\cdots F_2(h_2)F_1(h_1)\begin{bmatrix}\bar{u}\\0\\0\\\bar{v}_z\end{bmatrix}_{z=0}$$

$$=\begin{bmatrix}N_{11}&N_{12}&N_{13}&N_{14}\\N_{21}&N_{22}&N_{23}&N_{24}\\N_{31}&N_{32}&N_{33}&N_{34}\\N_{41}&N_{42}&N_{43}&N_{44}\end{bmatrix}\begin{bmatrix}0\\0\\0\\\bar{v}_z(z^*)\end{bmatrix}+$$

$$\begin{bmatrix}M_{11}&M_{12}&M_{13}&M_{14}\\M_{21}&M_{22}&M_{23}&M_{24}\\M_{31}&M_{32}&M_{33}&M_{34}\\M_{41}&M_{42}&M_{43}&M_{44}\end{bmatrix}\begin{bmatrix}\bar{u}\\0\\0\\\bar{v}_z\end{bmatrix}_{z=0}$$

$$(2.39)$$

展开得到

$$0=N_{14}\bar{v}_z(z^*)+M_{11}\bar{u}\big|_{z=0}+M_{14}\bar{v}_z\big|_{z=0}$$
$$0=N_{44}\bar{v}_z(z^*)+M_{41}\bar{u}\big|_{z=0}+M_{44}\bar{v}_z\big|_{z=0}$$

$$(2.40)$$

求解可以得到底层 $z=H$ 处矩阵中的未知量：

$$\bar{u}\big|_{z=0}=-M_{11}^{-1}\big[N_{14}\bar{v}_z(z^*)+M_{14}\bar{v}_z\big|_{z=0}\big]$$

$$\bar{v}_z\big|_{z=0}=\frac{N_{44}-M_{41}M_{11}^{-1}N_{14}}{M_{41}M_{11}^{-1}M_{14}-M_{44}}\bar{v}_z(z^*)$$

$$(2.41)$$

对于 $z>z^*$ 的计算点

$$
\begin{bmatrix} \bar{u} \\ \bar{P} \\ \bar{t} \\ \bar{v}_z \end{bmatrix}_z = \boldsymbol{F}_k(z-z_k)\cdots\boldsymbol{F}_j(z_{j+1}-z^*) \begin{bmatrix} \boldsymbol{0} \\ 0 \\ \boldsymbol{0} \\ \bar{v}_z(z^*) \end{bmatrix} +
$$

$$
\boldsymbol{F}_k(z-z_k)\cdots\boldsymbol{F}_2(h_2)\boldsymbol{F}_1(h_1) \begin{bmatrix} \bar{u} \\ 0 \\ \boldsymbol{0} \\ \bar{v}_z \end{bmatrix}_{z=0} \tag{2.42}
$$

对于 $z<z^*$ 的计算点

$$
\begin{bmatrix} \bar{u} \\ \bar{P} \\ \bar{t} \\ \bar{v}_z \end{bmatrix}_z = \boldsymbol{F}_k(z-z_k)\cdots\boldsymbol{F}_2(h_2)\boldsymbol{F}_1(h_1) \begin{bmatrix} \bar{u} \\ 0 \\ \boldsymbol{0} \\ \bar{v}_z \end{bmatrix}_{z=0} \tag{2.43}
$$

根据解的形式，对式（2.42）或式（2.43）进行求和即可得到任意一层 $[\tilde{u},\ \tilde{P},\ \tilde{t},\ \tilde{v}_z]_z^{\mathrm{T}}$，其余物理量的计算公式见式（2.31）。为了得到物理域中的实际解，需要进行反 Laplace 变换，这里使用 FT 方法进行反 Laplace 变换。定义如下参数：

$$
\delta = \frac{2\chi}{5t},\ s(\vartheta)=\delta\vartheta(\cot\vartheta+i),\ \theta=\frac{k\pi}{\chi} \tag{2.44}
$$

式中，$k=1,\ \cdots,\ \chi-1$ 且 χ 是 2~10 的自然数，表示计算精度，χ 越大精度越高。FT 的计算方程如下：

$$
f(x,\ y,\ z,\ t)
$$

$$
\approx \frac{\delta}{\chi}\left[\frac{1}{2}\tilde{f}(w=\delta)\mathrm{e}^{\delta t} + \sum_{k=1}^{\chi-1} Re\!\left(\left(1+i\sigma\!\left(\frac{k\pi}{\chi}\right)\right)\tilde{f}\!\left(w=s\!\left(\frac{k\pi}{\chi}\right)\right)\mathrm{e}^{s\left(\frac{k\pi}{\chi}\right)t}\right)\right] \tag{2.45}
$$

式中，$\sigma(\vartheta)=\vartheta+(\vartheta\cot\vartheta-1)\cot\vartheta$。最后，对无量纲物理量回归：

$$\sigma_{ij} = \hat{\sigma}_{ij} (C_{ij})_{max}$$

$$C_{ij} = \hat{C}_{ij} (C_{ij})_{max}$$

$$x_i = \hat{x}_i X_{max}$$

$$P = \hat{P} (C_{ij})_{max}$$

$$K_{ii} = \hat{K}_{ii} K_{max} \tag{2.46}$$

$$M = \hat{M} (C_{ij})_{max}$$

$$t = \frac{\hat{t} X_{max}^2}{(C_{ij})_{max} K_{max}}$$

$$v_i = \frac{(C_{ij})_{max} K_{max} \hat{v}_i}{X_{max}}$$

2.4 本章小结

本章通过 Biot 理论建立了直角坐标系下水平成层结构多孔介质的流固耦合形式，之后通过 Laplace 变换、特征值理论和类 Pseudo-Stroh 方法构造了 Laplace 域上单层多孔弹性介质解的形式，或多层多孔弹性介质任一层上解的形式；再基于传递矩阵法获取多孔弹性介质各物理量 Laplace 域上的通解，并根据边界条件确定各物理量 Laplace 域上的特解，通过 Laplace 逆变换方法获取真实物理域下多孔弹性介质的流固耦合通解；最后就内部点流源问题给出了解析解。

参 考 文 献

[1] MALEKZADEH P，GHAEDSHARAF M. Three-dimensional thermoelastic analysis of finite length laminated cylindrical panels with functionally graded layers[J]. Meccanica, 2013, 49(4)：887-906.

[2] STEHFEST H. Remark on algorithm 368：Numerical inversion of Laplace transforms[J].

Communications of the ACM，1970，13(10).

[3] YANG L Z，HE F M，LI Y，et al. Three-dimensional steady-state closed form solution for multilayered fluid-saturated anisotropic finite media due to surface/internal point source[J]. Applied Mathematics and Mechanics(English Edition)，2021，42(1)：17-38.

[4] AI Z Y，YE Z，ZHAO Z，et al. Time-dependent behavior of axisymmetric thermal consolidation for multilayered transversely isotropic poroelastic material [J]. Applied Mathematical Modelling，2018，61：216-236.

第3章　水平成层结构热流固耦合解析解

温度场对多孔介质的影响同样十分显著，因此在第 2 章的水平成层结构流固耦合解析解的基础上，引入温度场方程求解。根据温度载荷的不同施加形式求解了两种解析解。分别是内部点源作用下的水平成层结构热流固解析解和表面载荷作用下的水平成层结构热流固耦合解析解。

3.1　问题描述和基本方程

多孔介质的几何模型不作改变，具体示意图见图 2.1。其水平层界面，z 方向的应力和通量同样遵循连续介质假定。同时，介质顶部自由，底部固定且不可穿透，四边为简支边界[1]。其边界条件的表达式增加了温度场的温度变化量 T 和热流量 q_z 的部分，具体表达式如下：

$$\begin{cases} \text{当 } x=0 \text{ 或 } x=L_x \text{ 时：} u_y=u_z=0, \ P=0, \ T=0, \ \partial_x u_x=0 \\ \text{当 } y=0 \text{ 或 } y=L_y \text{ 时：} u_x=u_z=0, \ P=0, \ T=0, \ \partial_y u_y=0 \\ \text{当 } z=H \text{ 时：} u_x=u_y=u_z=0, \ v_z=0, \ q_z=0 \end{cases} \quad (3.1)$$

对于各向异性多孔介质热流固耦合问题，还应补充温度场方程。应力平衡方程(3.2)和本构方程组(3.3)如下：

$$\partial_j \sigma_{ij} = 0 \tag{3.2}$$

$$\begin{cases}
\varepsilon_{ij} = (\partial_j u_i + \partial_i u_j)/2 \\
\sigma_{11} = C_{11}\varepsilon_{11} + C_{12}\varepsilon_{22} + C_{13}\varepsilon_{33} - \alpha_1 P - \beta_1 T \\
\sigma_{22} = C_{21}\varepsilon_{11} + C_{22}\varepsilon_{22} + C_{23}\varepsilon_{33} - \alpha_2 P - \beta_2 T \\
\sigma_{33} = C_{31}\varepsilon_{11} + C_{32}\varepsilon_{22} + C_{33}\varepsilon_{33} - \alpha_3 P - \beta_3 T \\
\sigma_{23} = \sigma_{32} = 2C_{44}\varepsilon_{23} \\
\sigma_{13} = \sigma_{31} = 2C_{55}\varepsilon_{13} \\
\sigma_{12} = \sigma_{21} = 2C_{66}\varepsilon_{12}
\end{cases} \tag{3.3}$$

本构方程组(3.3)中压力项 P 的表达式为

$$P = M\xi - \alpha_1 M\varepsilon_{11} - \alpha_2 M\varepsilon_{22} - \alpha_3 M\varepsilon_{33} + \beta_m MT \tag{3.4}$$

式中，β_i 为与 i 轴垂直的面上的面应力-温度系数，N/($m^2 \cdot$ K)；T 为温度变化量，K；β_m 为体应变-温度系数，$\beta_m = \alpha\beta_s + \varphi(\beta_f - \beta_s)$，1/K，其中 β_f 为流体的体热膨胀系数，1/K，β_s 为固体骨架的体热膨胀系数，1/K。

面应力-温度系数的计算公式如下[2]：

$$\beta_i = \frac{E}{2(1-\nu)}\beta_{li} \tag{3.5}$$

式中，E 为弹性模量；ν 为泊松比；β_{li} 为线膨胀系数。

所述温度场方程包括热传导方程(3.6)和热平衡方程(3.7)：

$$q_i = -\lambda_{ii}\partial_i T \tag{3.6}$$

$$c_T \partial T/\partial t - (\lambda_{11}\partial_1^2 + \lambda_{22}\partial_2^2 + \lambda_{33}\partial_3^2)T = 0 \tag{3.7}$$

式中，q_i 为与 i 轴垂直的面上的热通量，W/m^2；$\partial_i T$ 为 T 对 i 轴上的偏导数；λ_{ij} 为与 i 轴垂直的面上与 j 轴方向一致的热传导系数，W/($m^2 \cdot$ K)；t 为时间，s；$\partial_i^2 T$ 是 T 对 i 轴上的二阶偏导数；c_T 为热扩散系数，$m^2 \cdot$ s，$c_T = \phi\rho_f c_f + (1-\phi)\rho_s c_s$，其中，$\phi$ 为介质的孔隙率，%，ρ_f 为流体密度，kg/m^3，c_f 为流体比热容，J/(kg $\cdot$ K)，ρ_s 为基质密度，kg/m^3，c_s 为基质比热容，J/(kg $\cdot$ K)；$i = 1$，2，3；$j = 1$，2，3。

渗流场的方程没有改变。同样对所有方程无量纲化，各个物理量无量纲的表达式(3.8)如下：

$$\hat{\sigma}_{ij} = \frac{\sigma_{ij}}{(C_{ii})_{max}}$$

$$\hat{C}_{ii} = \frac{C_{ii}}{(C_{ii})_{max}}$$

$$\hat{x}_i = \frac{x_i}{X_{max}}$$

$$\hat{P} = \frac{P}{(C_{ii})_{max}}$$

$$\hat{K}_{ii} = \frac{K_{ii}}{K_{max}}$$

$$\hat{T} = \frac{(\beta_i)_{max}}{(C_{ii})_{max}} T$$

$$\hat{\beta}_i = \frac{\beta_i}{(\beta_i)_{max}} \tag{3.8}$$

$$\hat{c}_T = c_T \frac{(C_{ii})_{max} K_{max}}{(k_T)_{max}}$$

$$\hat{M} = \frac{M}{(C_{ii})_{max}}$$

$$\hat{k}_T = \frac{k_T}{(k_T)_{max}}$$

$$\hat{t} = \frac{(C_{ii})_{max} K_{max}}{X_{max}^2} t$$

$$\hat{\beta}_m = \beta_m \frac{(C_{ii})_{max}}{(\beta_i)_{max}}$$

$$\hat{v}_i = \frac{X_{max} v_i}{(C_{ii})_{max} K_{max}}$$

式中，上标^代表无量纲量。对所有方程进行了无量纲化后，此后的所有物理量均默认为无量纲量，由于其他数学方法同样需要上标，为了方程的简洁省略无量纲上标，仅在后文中量纲回归再次出现。

至此，有关直角坐标系下的水平成层结构热流固耦合的基本方程已经介绍完毕，下面开始水平成层的热流固耦合理论的求解。

3.2　水平成层结构各向异性多孔介质的通解

为了处理 3.1 节中方程中的非稳态项，对含有时间项的方程进行 Laplace 变换，将物理域下的物理量转换为 Laplace 域下的物理量，Laplace 变换的原理如下[3]：

$$\tilde{f}(x, y, z, w) = \int_0^\infty f(x, y, z, t) e^{-wt} dt \tag{3.9}$$

式中，上标~表示 Laplace 域下的物理量；w 表示物理域中的时间变换到 Laplace 域中的相应量。变换结果如下：

$$c_{\mathrm{T}} \tilde{T} w - (\lambda_{11} \partial_1^2 + \lambda_{22} \partial_2^2 + \lambda_{33} \partial_3^2) \tilde{T} = 0 \tag{3.10}$$

$$\tilde{P} w / M + \alpha_1 w \partial_1 \tilde{u}_1 + \alpha_2 w \partial_2 \tilde{u}_2 + \alpha_3 w \partial_3 \tilde{u}_3 - (K_{11} \partial_1^2 + K_{22} \partial_2^2 + K_{33} \partial_3^2) \tilde{P} = \beta_{\mathrm{m}} \tilde{T} w \tag{3.11}$$

接着，根据三维层状介质四个侧面简支的边界条件形式，参考文献[4]的方法，得到满足边界条件形式的第 j 层多孔弹性介质的通解形式为

$$\widetilde{U} = \begin{bmatrix} \tilde{u}_x \\ \tilde{u}_y \\ \tilde{u}_z \\ \tilde{P} \\ \tilde{T} \end{bmatrix} = \sum_m \sum_n \begin{bmatrix} \overline{u}_x \cos\gamma x \sin\beta y \\ \overline{u}_y \sin\gamma x \cos\beta y \\ \overline{u}_z \sin\gamma x \sin\beta y \\ \overline{P} \sin\gamma x \sin\beta y \\ \overline{T} \sin\gamma x \sin\beta y \end{bmatrix} = \sum_m \sum_\delta e^{s(z-z_{j-1})} \begin{bmatrix} a_1 \cos\gamma x \sin\beta y \\ a_2 \sin\gamma x \cos\beta y \\ a_3 \sin\gamma x \sin\beta y \\ a_4 \sin\gamma x \sin\beta y \\ a_5 \sin\gamma x \sin\beta y \end{bmatrix}$$

$$\tag{3.12}$$

$$\widetilde{\varPi} = \begin{bmatrix} \widetilde{\sigma}_{zx} \\ \widetilde{\sigma}_{zy} \\ \widetilde{\sigma}_{zz} \\ \widetilde{v}_z \\ \widetilde{q}_z \end{bmatrix} = \sum_m \sum_n \begin{bmatrix} \overline{\sigma}_{zx}\cos\gamma x\sin\beta y \\ \overline{\sigma}_{zy}\sin\gamma x\cos\beta y \\ \overline{\sigma}_{zz}\sin\gamma x\sin\beta y \\ \overline{v}_z\sin\gamma x\sin\beta y \\ \overline{q}_z\sin\gamma x\sin\beta y \end{bmatrix} = \sum_m \sum_\delta e^{s(z-z_{j-1})} \begin{bmatrix} b_1\cos\gamma x\sin\beta y \\ b_2\sin\gamma x\cos\beta y \\ b_3\sin\gamma x\sin\beta y \\ b_4\sin\gamma x\sin\beta y \\ b_5\sin\gamma x\sin\beta y \end{bmatrix}$$

$$(3.13)$$

$$\begin{bmatrix} \widetilde{\sigma}_{xx} \\ \widetilde{\sigma}_{yy} \\ \widetilde{\sigma}_{xy} \\ \widetilde{v}_x \\ \widetilde{v}_y \\ \widetilde{q}_x \\ \widetilde{q}_y \end{bmatrix} = \sum_m \sum_n \begin{bmatrix} \overline{\sigma}_{xx}\sin\gamma x\sin\beta y \\ \overline{\sigma}_{yy}\sin\gamma x\sin\beta y \\ \overline{\sigma}_{xy}\cos\gamma x\cos\beta y \\ \overline{v}_x\cos\gamma x\sin\beta y \\ \overline{v}_y\sin\gamma x\cos\beta y \\ \overline{q}_x\cos\gamma x\sin\beta y \\ \overline{q}_y\sin\gamma x\cos\beta y \end{bmatrix} = \sum_m \sum_n e^{s(z-z_{j-1})} \begin{bmatrix} q_1\sin\gamma x\sin\beta y \\ q_2\sin\gamma x\sin\beta y \\ q_3\cos\gamma x\cos\beta y \\ q_4\cos\gamma x\sin\beta y \\ q_5\sin\gamma x\cos\beta y \\ q_6\cos\gamma x\sin\beta y \\ q_7\sin\gamma x\cos\beta y \end{bmatrix}$$

$$(3.14)$$

式中，上标 $-$ 表示 Laplace 域中与角度无关的量；$\gamma = m\pi/L_x$，$\beta = n\pi/L_y$，m 和 n 是傅里叶展开中的自然数；$a_1 \sim a_5$、$b_1 \sim b_5$、$q_1 \sim q_7$ 是待求解的未知数，共 17 个；z_{j-1} 表示第 j 层介质的顶面坐标值，z 表示第 j 层中计算点的纵坐标，$z_{j-1} \leqslant z$

$\leqslant z_j$ 且 j 是正整数。将求解的未知数 $a_1 \sim a_5$、$b_1 \sim b_5$、$q_1 \sim q_7$ 定义为系数矩阵：

$$\boldsymbol{a} = \begin{bmatrix} a_1, & a_2, & a_3, & a_4, & a_5 \end{bmatrix}^{\mathrm{T}}$$

$$\boldsymbol{b} = \begin{bmatrix} b_1, & b_2, & b_3, & b_4, & b_5 \end{bmatrix}^{\mathrm{T}} \tag{3.15}$$

$$\boldsymbol{q} = \begin{bmatrix} q_1, & q_2, & q_3, & q_4, & q_5, & q_6, & q_7 \end{bmatrix}^{\mathrm{T}}$$

观察系数矩阵 $\boldsymbol{a}$ 和 $\boldsymbol{b}$ 之间的联系，将通解形式(3.12)和式(3.13)代入本构方程组(3.3)、热传导方程(3.6)和运动方程(2.5)中，求解得到

$$\boldsymbol{b} = (-\boldsymbol{E}^{\mathrm{T}} + s\boldsymbol{D})\boldsymbol{a} \tag{3.16}$$

式中，$\boldsymbol{E}$ 和 $\boldsymbol{D}$ 的具体形式如下：

$$\boldsymbol{E} = \begin{bmatrix} 0 & 0 & C_{31}\gamma & 0 & 0 \\ 0 & 0 & C_{32}\beta & 0 & 0 \\ -C_{55}\gamma & -C_{44}\beta & 0 & 0 & 0 \\ 0 & 0 & \alpha_3 & 0 & 0 \\ 0 & 0 & \beta_3 & 0 & 0 \end{bmatrix}$$

$$\tag{3.17}$$

$$\boldsymbol{D} = \begin{bmatrix} C_{55} & 0 & 0 & 0 & 0 \\ 0 & C_{44} & 0 & 0 & 0 \\ 0 & 0 & C_{33} & 0 & 0 \\ 0 & 0 & 0 & -K_{33} & 0 \\ 0 & 0 & 0 & 0 & -\lambda_{33} \end{bmatrix}$$

根据同样的代入方法可以得到系数矩阵 $\boldsymbol{a}$ 和 $\boldsymbol{q}$ 之间的关系：

$$q = \begin{bmatrix} -C_{11}\gamma & -C_{12}\beta & C_{13}s & -\alpha_1 & -\beta_1 \\ -C_{21}\gamma & -C_{22}\beta & C_{23}s & -\alpha_2 & -\beta_2 \\ C_{66}\beta & C_{66}\gamma & 0 & 0 & 0 \\ 0 & 0 & 0 & -K_{11}\gamma & 0 \\ 0 & 0 & 0 & -K_{22}\beta & 0 \\ 0 & 0 & 0 & 0 & -\lambda_{11}\gamma \\ 0 & 0 & 0 & 0 & -\lambda_{22}\beta \end{bmatrix} a \qquad (3.18)$$

此时，观察三个系数矩阵之间的联系，将式(3.16)和式(3.18)代入应力平衡方程(2.2)、热平衡方程(3.7)和质量守恒方程(2.6)中，求解得到

$$[Q + s(E - E^{\mathrm{T}} + \Omega) + s^2 D]a = 0 \qquad (3.19)$$

式中，Q、E、Ω 和 D 都是由物理量构成的矩阵，没有包含特征值 s，具体表达式如下：

$$Q = \begin{bmatrix} -(C_{11}\gamma^2 + C_{66}\beta^2) & -(C_{12}+C_{66})\beta\gamma & 0 & -\alpha_1\gamma & -\beta_1\gamma \\ -(C_{21}+C_{66})\gamma\beta & -(C_{66}\gamma^2 + C_{22}\beta^2) & 0 & -\alpha_2\beta & -\beta_2\beta \\ 0 & 0 & -(C_{55}\gamma^2 + C_{44}\beta^2) & 0 & 0 \\ -\gamma\alpha_1 w & -\beta\alpha_2 w & 0 & w/M + K_{11}\gamma^2 + K_{22}\beta^2 & -\beta_{\mathrm{T}}w \\ 0 & 0 & 0 & 0 & c_{\mathrm{T}}w + \lambda_{11}\gamma^2 + \lambda_{22}\beta^2 \end{bmatrix}$$

$$\Omega = \begin{bmatrix} 0 & 0 & 0 & 0 & 0 \\ 0 & 0 & 0 & 0 & 0 \\ 0 & 0 & 0 & 0 & 0 \\ 0 & 0 & -\alpha_3 + \alpha_3 w & 0 & 0 \\ 0 & 0 & -\beta_3 & 0 & 0 \end{bmatrix} \qquad (3.20)$$

根据特征值理论[4]，假设存在一个特征值为 s 的 N 矩阵，$\eta = \{a, b\}^{\mathrm{T}}$ 为

N 矩阵的特征向量, 可以得到

$$N\boldsymbol{\eta}=s\boldsymbol{\eta}, \quad \boldsymbol{\eta}=\{\boldsymbol{a}, \boldsymbol{b}\}^{\mathrm{T}} \tag{3.21}$$

鉴于特征向量 $\boldsymbol{\eta}$ 是由两个未知系数矩阵组成, 将 N 矩阵拆解成 $\begin{bmatrix} N_1 & N_2 \\ N_3 & N_4 \end{bmatrix}$ 的形式, 则有

$$\begin{bmatrix} N_1 & N_2 \\ N_3 & N_4 \end{bmatrix}\begin{bmatrix} \boldsymbol{a} \\ \boldsymbol{b} \end{bmatrix}=s\begin{bmatrix} \boldsymbol{a} \\ \boldsymbol{b} \end{bmatrix} \tag{3.22}$$

再结合式(3.16)和式(3.19), 通过求解可以得到 N 矩阵的具体表达式:

$$N=\begin{bmatrix} \boldsymbol{D}^{-1}\boldsymbol{E}^{\mathrm{T}} & \boldsymbol{D}^{-1} \\ -\boldsymbol{Q}-(\boldsymbol{E}+\boldsymbol{\Omega})\boldsymbol{D}^{-1}\boldsymbol{E}^{\mathrm{T}} & -(\boldsymbol{E}+\boldsymbol{\Omega})\boldsymbol{D}^{-1} \end{bmatrix} \tag{3.23}$$

至此, 我们得到了第 j 层的 N 矩阵, 此外, N 矩阵的各个参数均为常数, 这样我们可以根据 N 矩阵的数值求得特征值 s 和特征向量 $\boldsymbol{\eta}$。

下面我们用传递矩阵法[4]将第 j 层的 N 矩阵扩展到整个水平成层结构。将式(3.12)和式(3.13)的通解写成如下形式:

$$\begin{bmatrix} \overline{\boldsymbol{U}} \\ \overline{\boldsymbol{\Pi}} \end{bmatrix}_{z_{j-1}\leqslant z\leqslant z_j}=\begin{bmatrix} \boldsymbol{A} \\ \boldsymbol{B} \end{bmatrix}\langle \mathrm{e}^{s^*(z-z_{j-1})}\rangle \begin{bmatrix} \boldsymbol{K}_1 \\ \boldsymbol{K}_2 \end{bmatrix} \tag{3.24}$$

各部分具体表达式(3.25)如下:

$$\begin{bmatrix} \overline{\boldsymbol{U}} \\ \overline{\boldsymbol{\Pi}} \end{bmatrix}^{\mathrm{T}}=[\bar{u}_x, \bar{u}_y, \bar{u}_z, \overline{P}, \overline{T}, \overline{\sigma}_{zx}, \overline{\sigma}_{zy}, \overline{\sigma}_{zz}, \bar{v}_z, \bar{q}_z]$$

$$\boldsymbol{A}^{\mathrm{T}}=[a_1, a_2, a_3, a_4, a_5, a_6, a_7, a_8, a_9, a_{10}] \tag{3.25}$$

$$\boldsymbol{B}^{\mathrm{T}}=[b_1, b_2, b_3, b_4, b_5, b_6, b_7, b_8, b_9, b_{10}]$$

$$\langle \mathrm{e}^{s^*z}\rangle=diag[\mathrm{e}^{s_1z}, \mathrm{e}^{s_2z}, \mathrm{e}^{s_3z}, \mathrm{e}^{s_4z}, \mathrm{e}^{s_5z},$$

$$\mathrm{e}^{s_6z}, \mathrm{e}^{s_7z}, \mathrm{e}^{s_8z}, \mathrm{e}^{s_9z}, \mathrm{e}^{s_{10}z}]$$

式中, $a_1\sim a_{10}$ 和 $b_1\sim b_{10}$ 是根据式(3.21)求出的与特征值 s 对应的特征向量。

令 $z = z_{j-1}$，代入式(3.24)中可以得到

$$
\begin{bmatrix} K_1 \\ K_2 \end{bmatrix} = \begin{bmatrix} A \\ B \end{bmatrix}^{-1} \begin{bmatrix} \overline{U} \\ \overline{\Pi} \end{bmatrix}_{z=z_{j-1}} \tag{3.26}
$$

再将式(3.26)代入式(3.24)中，则有

$$
\begin{aligned}
\begin{bmatrix} \overline{U} \\ \overline{\Pi} \end{bmatrix}_{z_{j-1} \leqslant z \leqslant z_j} &= \begin{bmatrix} A \\ B \end{bmatrix} \left\langle e^{s^*(z-z_{j-1})} \right\rangle \begin{bmatrix} A \\ B \end{bmatrix}^{-1} \begin{bmatrix} \overline{U} \\ \overline{\Pi} \end{bmatrix}_{z=z_{j-1}} \\
&= F_j(z-z_{j-1}) \begin{bmatrix} \overline{U} \\ \overline{\Pi} \end{bmatrix}_{z=z_{j-1}}
\end{aligned} \tag{3.27}
$$

令 $z = z_j$，代入式(3.27)中可以得到

$$
\begin{aligned}
\begin{bmatrix} \overline{U} \\ \overline{\Pi} \end{bmatrix}_{z=z_j} &= \begin{bmatrix} A \\ B \end{bmatrix} \left\langle e^{s^* h_j} \right\rangle \begin{bmatrix} A \\ B \end{bmatrix}^{-1} \begin{bmatrix} \overline{U} \\ \overline{\Pi} \end{bmatrix}_{z=z_{j-1}} \\
&= F_j(h_j) \begin{bmatrix} \overline{U} \\ \overline{\Pi} \end{bmatrix}_{z=z_{j-1}}
\end{aligned} \tag{3.28}
$$

式中，$F_j(h_j) = \begin{bmatrix} A \\ B \end{bmatrix} \left\langle e^{s^* h_j} \right\rangle \begin{bmatrix} A \\ B \end{bmatrix}^{-1}$，表示第 j 层的传递矩阵；第 j 层的厚度为 $h_j = z_j - z_{j-1}$。

当 $j = j+1$ 时，有

$$
\begin{aligned}
\begin{bmatrix} \overline{U} \\ \overline{\Pi} \end{bmatrix}_{z=z_{j+1}} &= \begin{bmatrix} A \\ B \end{bmatrix} \left\langle e^{s^* h_{j+1}} \right\rangle \begin{bmatrix} A \\ B \end{bmatrix}^{-1} \begin{bmatrix} \overline{U} \\ \overline{\Pi} \end{bmatrix}_{z=z_j} \\
&= F_{j+1}(h_{j+1}) \begin{bmatrix} \overline{U} \\ \overline{\Pi} \end{bmatrix}_{z=z_j}
\end{aligned} \tag{3.29}
$$

不断重复这样的操作，我们可以得到全部层的表达式为

$$
\begin{bmatrix} \overline{U} \\ \overline{\Pi} \end{bmatrix}_{z=H} = G \begin{bmatrix} \overline{U} \\ \overline{\Pi} \end{bmatrix}_{z=0} \tag{3.30}
$$

式中，$G = F_N(h_N) F_{N-1}(h_{N-1}) \cdots F_2(h_2) F_1(h_1)$。

根据式（3.12）和式（3.13），得到顶部 Laplace 域上的物理量形式 $\begin{bmatrix} \widetilde{U} \\ \widetilde{\Pi} \end{bmatrix}_{z=0}$

和底部 Laplace 域上的物理量形式 $\begin{bmatrix} \widetilde{U} \\ \widetilde{\Pi} \end{bmatrix}_{z=H}$，再根据具体问题所给出的边界条件

确定 $\begin{bmatrix} \widetilde{U} \\ \widetilde{\Pi} \end{bmatrix}_{z=0}$ 和 $\begin{bmatrix} \widetilde{U} \\ \widetilde{\Pi} \end{bmatrix}_{z=H}$ 的部分物理量，式（3.30）可以更改为如下形式：

$$
\begin{bmatrix} \widetilde{u} \\ \widetilde{P} \\ \widetilde{T} \\ \widetilde{t} \\ \widetilde{v}_z \\ \widetilde{q}_z \end{bmatrix}_{z=H} = G \begin{bmatrix} \widetilde{u} \\ \widetilde{P} \\ \widetilde{T} \\ \widetilde{t} \\ \widetilde{v}_z \\ \widetilde{q}_z \end{bmatrix}_{z=0} = \begin{bmatrix} M_{11} & M_{12} & M_{13} & M_{14} & M_{15} & M_{16} \\ M_{21} & M_{22} & M_{23} & M_{24} & M_{25} & M_{26} \\ \mathbf{0} & 0 & M_{33} & \mathbf{0} & 0 & M_{36} \\ M_{41} & M_{42} & M_{43} & M_{44} & M_{45} & M_{46} \\ M_{51} & M_{52} & M_{53} & M_{54} & M_{55} & M_{56} \\ \mathbf{0} & 0 & M_{63} & \mathbf{0} & 0 & M_{66} \end{bmatrix} \begin{bmatrix} \widetilde{u} \\ \widetilde{P} \\ \widetilde{T} \\ \widetilde{t} \\ \widetilde{v}_z \\ \widetilde{q}_z \end{bmatrix}_{z=0} \tag{3.31}
$$

式中，M_{11}、M_{14}、M_{41} 和 M_{44} 为 G 矩阵中的 3×3 的子矩阵；M_{21}、M_{24}、M_{51} 和 M_{54} 为 G 矩阵中的 1×3 的子矩阵；M_{12}、M_{13}、M_{15}、M_{16}、M_{42}、M_{43}、M_{45} 和

M_{46} 为 G 矩阵中的 3×1 的子矩阵；M_{22}、M_{23}、M_{25}、M_{26}、M_{33}、M_{36}、M_{52}、M_{53}、M_{55}、M_{56}、M_{63} 和 M_{63} 为 G 矩阵中的常数。根据给定的边界条件求解出

$$\begin{bmatrix} \widetilde{U} \\ \widetilde{\Pi} \end{bmatrix}_{z=0}$$

之后，使用传递矩阵法可以得到任意第 j 层 z 位置的物理量：

$$\begin{bmatrix} \widetilde{U} \\ \widetilde{\Pi} \end{bmatrix}_{z_{j-1} \leqslant z \leqslant z_j} = \boldsymbol{F}_j(z - z_{j-1}) \cdots \boldsymbol{F}_2(h_2) \boldsymbol{F}_1(h_1) \begin{bmatrix} \widetilde{U} \\ \widetilde{\Pi} \end{bmatrix}_{z=0} \tag{3.32}$$

其余物理量的具体计算表达式(3.33)如下：

$$\widetilde{\sigma}_{xx} = \sum_{m,n} (-C_{11}\gamma \bar{u}_x - C_{12}\beta \bar{u}_y + C_{13}\Delta - \alpha_1 \bar{P} - \beta_1 \bar{\theta}) \sin\gamma x \sin\beta y$$

$$\widetilde{\sigma}_{yy} = \sum_{m,n} (-C_{12}\gamma \bar{u}_x - C_{22}\beta \bar{u}_y + C_{23}\Delta - \alpha_2 \bar{P} - \beta_2 \bar{\theta}) \sin\gamma x \sin\beta y$$

$$\widetilde{\sigma}_{xy} = \sum_{m,n} (C_{66}\beta \bar{u}_x + C_{66}\gamma \bar{u}_y) \cos\gamma x \cos\beta y$$

$$\widetilde{v}_x = -\sum_{m,n} K_{11}\gamma \bar{P} \cos\gamma x \sin\beta y \tag{3.33}$$

$$\widetilde{v}_y = -\sum_{m,n} K_{22}\beta \bar{P} \sin\gamma x \cos\beta y$$

$$\widetilde{q}_x = -\sum_{m,n} \lambda_{11}\gamma \bar{\theta} \cos\gamma x \sin\beta y$$

$$\widetilde{q}_y = -\sum_{m,n} \lambda_{22}\beta \bar{\theta} \sin\gamma x \cos\beta y$$

式中，$\Delta = (\bar{\sigma}_{zz} + \alpha_3 \bar{P} + \beta_3 \bar{\theta} + C_{13}\gamma \bar{u}_x + C_{23}\beta \bar{u}_y)/C_{33}$。

至此，水平成层结构各向异性多孔介质的通解已经求解完毕。此时的通解仍位于 Laplace 域下，且需要进行量纲回归，这些将在 3.3 节中讨论。

3.3　水平成层结构各向异性多孔介质的内部点源解析解

在 3.2 节中，我们求解了水平成层结构各向异性多孔介质热流固耦合问

题的通解，接着开始求解内部存在点源的情况。假设在介质内部第 j 层存在一个点源 $Q^*(t)$，其坐标为 (x^*, y^*, z^*)，如图 2.2 所示。为了突出热流固耦合效应，这里考虑点源为热源的情况。同样需要对内部点源 $Q = Q(x, y, z, t)$ 无量纲化和 Laplace 变换，得到 $\widetilde{Q} = \widetilde{Q}(\tilde{x}, \tilde{y}, \tilde{z}, w)$，将其展开：

$$\widetilde{Q} = \int_0^{L_x} \int_0^{L_y} \tilde{q}_z \mathrm{d}x\mathrm{d}y$$

$$= \int_0^{L_x} \int_0^{L_y} Q^* \delta(x - x^*) \delta(y - y^*) \mathrm{d}x\mathrm{d}y \tag{3.34}$$

式中，$\tilde{q}_z$ 表示该点在 z 方向的热通量；Q^* 表示点源的热流量；$\delta(x-x^*)$ 和 $\delta(y-y^*)$ 是双傅里叶展开的迪利克雷方程；x^*、y^* 表示点源坐标。迪利克雷方程如下：

$$\delta(x - x^*)\delta(y - y^*)$$

$$= \sum_{m, n} \frac{4}{L_x L_y} \sin(\gamma x^*) \sin(\beta y^*) \sin(\gamma x) \sin(\beta y) \tag{3.35}$$

因此可以得到

$$\tilde{q}_z = Q^* \delta(x - x^*)\delta(y - y^*)$$

$$= \sum_{m, n} \frac{4Q^*}{L_x L_y} \sin(\gamma x^*) \sin(\beta y^*) \sin(\gamma x) \sin(\beta y) \tag{3.36}$$

对于 $z=z^*$ 处的界面，定义下表面为 z_+^*，上表面为 z_-^*，即 $z_+^* - z_-^* = 0$，则有

$$\widetilde{Q} = \int_0^{L_x} \int_0^{L_y} (\tilde{q}_z|_{z=z_+^*} - \tilde{q}_z|_{z=z_-^*}) \mathrm{d}x\mathrm{d}y$$

$$= \int_0^{L_x} \int_0^{L_y} Q^* \delta(x - x^*)\delta(y - y^*) \mathrm{d}x\mathrm{d}y \tag{3.37}$$

在 $z=z^*$ 界面，除 $\tilde{v}_z$ 外其余物理量均一致，则有

$$
\begin{bmatrix} \widetilde{u} \\ \widetilde{P} \\ \widetilde{T} \\ \widetilde{t} \\ \widetilde{v}_z \\ \widetilde{q}_z \end{bmatrix}_{z=z_-^*} - \begin{bmatrix} \widetilde{u} \\ \widetilde{P} \\ \widetilde{T} \\ \widetilde{t} \\ \widetilde{v}_z \\ \widetilde{q}_z \end{bmatrix}_{z=z_+^*} = \begin{bmatrix} \mathbf{0} \\ 0 \\ 0 \\ \mathbf{0} \\ 0 \\ Q^*\delta(x-x^*)\delta(y-y^*) \end{bmatrix} \tag{3.38}
$$

根据通解形式约去 $\sin(\gamma x)\sin(\beta y)$ 得到

$$
\begin{bmatrix} \overline{u} \\ \overline{P} \\ \overline{T} \\ \overline{t} \\ \overline{v}_z \\ \overline{q}_z \end{bmatrix}_{z=z_-^*} - \begin{bmatrix} \overline{u} \\ \overline{P} \\ \overline{T} \\ \overline{t} \\ \overline{v}_z \\ \overline{q}_z \end{bmatrix}_{z=z_+^*} = \begin{bmatrix} \mathbf{0} \\ 0 \\ 0 \\ \mathbf{0} \\ 0 \\ \overline{q}_z(z^*) \end{bmatrix} \tag{3.39}
$$

式中，$\overline{q}_z|_{z=z^*} = \dfrac{4Q^*}{L_x L_y}\sin(px^*)\sin(qy^*)$。

代入到传递矩阵方程中，有

$$
\begin{bmatrix} 0 \\ \overline{P} \\ \overline{T} \\ \overline{t} \\ 0 \\ 0 \end{bmatrix}_{z=H} = \mathbf{F}_N(h_N)\cdots\mathbf{F}_{j+1}(h_{j+1})\mathbf{F}_j(z_{j+1}-z^*) \begin{bmatrix} \mathbf{0} \\ 0 \\ 0 \\ \mathbf{0} \\ 0 \\ \overline{q}_z(z^*) \end{bmatrix} +
$$

$$\boldsymbol{F}_N(h_N)\boldsymbol{F}_{N-1}(h_{N-1})\cdots\boldsymbol{F}_2(h_2)\boldsymbol{F}_1(h_1)\begin{bmatrix}\bar{u}\\0\\0\\\boldsymbol{0}\\\bar{v}_z\\\bar{q}_z\end{bmatrix}_{z=0}$$

$$=\begin{bmatrix}\boldsymbol{N}_{11}&\boldsymbol{N}_{12}&\boldsymbol{N}_{13}&\boldsymbol{N}_{14}&\boldsymbol{N}_{15}&\boldsymbol{N}_{16}\\\boldsymbol{N}_{21}&N_{22}&N_{23}&N_{24}&N_{25}&N_{26}\\\boldsymbol{0}&0&N_{33}&\boldsymbol{0}&0&N_{36}\\\boldsymbol{N}_{41}&\boldsymbol{N}_{42}&\boldsymbol{N}_{43}&\boldsymbol{N}_{44}&\boldsymbol{N}_{45}&\boldsymbol{N}_{46}\\\boldsymbol{N}_{51}&N_{52}&N_{53}&\boldsymbol{N}_{54}&N_{55}&N_{56}\\\boldsymbol{0}&0&N_{63}&\boldsymbol{0}&0&N_{66}\end{bmatrix}\begin{bmatrix}\boldsymbol{0}\\0\\0\\\boldsymbol{0}\\0\\\bar{q}_z(z^*)\end{bmatrix}+$$

$$\begin{bmatrix}\boldsymbol{M}_{11}&\boldsymbol{M}_{12}&\boldsymbol{M}_{13}&\boldsymbol{M}_{14}&\boldsymbol{M}_{15}&\boldsymbol{M}_{16}\\\boldsymbol{M}_{21}&M_{22}&M_{23}&\boldsymbol{M}_{24}&M_{25}&M_{26}\\\boldsymbol{0}&0&M_{33}&\boldsymbol{0}&0&M_{36}\\\boldsymbol{M}_{41}&\boldsymbol{M}_{42}&\boldsymbol{M}_{43}&\boldsymbol{M}_{44}&\boldsymbol{M}_{45}&\boldsymbol{M}_{46}\\\boldsymbol{M}_{51}&M_{52}&M_{53}&\boldsymbol{M}_{54}&M_{55}&M_{56}\\\boldsymbol{0}&0&M_{63}&\boldsymbol{0}&0&M_{66}\end{bmatrix}\begin{bmatrix}\bar{u}\\0\\0\\\boldsymbol{0}\\\bar{v}_z\\\bar{q}_z\end{bmatrix}_{z=0}$$

$$(3.40)$$

展开得到

$$0 = N_{16}\bar{q}_z(z^*) + M_{11}\bar{u}\,|_{z=0} + M_{15}\bar{v}_z\,|_{z=0} + M_{16}\bar{q}_z\,|_{z=0}$$

$$0 = N_{56}\bar{q}_z(z^*) + M_{51}\bar{u}\,|_{z=0} + M_{55}\bar{v}_z\,|_{z=0} + M_{56}\bar{q}_z\,|_{z=0} \tag{3.41}$$

$$0 = N_{66}\bar{q}_z(z^*) + M_{66}\bar{q}_z\,|_{z=0}$$

求解可以得到底层 $z=H$ 处矩阵中的未知量：

$$\bar{q}_z\,|_{z=0} = -\frac{N_{66}}{M_{66}}\bar{q}_z(z^*)$$

$$\bar{v}_z\,|_{z=0} = \frac{M_{51}M_{11}^{-1}N_{16}-N_{56}}{M_{55}-M_{51}M_{11}^{-1}M_{15}}\bar{q}_z(z^*) + \frac{M_{51}M_{11}^{-1}M_{16}-M_{56}}{M_{55}-M_{51}M_{11}^{-1}M_{15}}\bar{q}_z\,|_{z=0} \tag{3.42}$$

$$\bar{u}\,|_{z=0} = -M_{11}^{-1}\left[N_{16}\bar{q}_z(z^*) + M_{15}\bar{v}_z\,|_{z=0} + M_{16}\bar{q}_z\,|_{z=0}\right]$$

对于 $z>z^*$ 的计算点

$$\begin{bmatrix}\bar{u}\\\bar{P}\\\bar{T}\\\bar{t}\\\bar{v}_z\\\bar{q}_z\end{bmatrix}_z = F_k(z-z_k)\cdots F_j(z_{j+1}-z^*)\begin{bmatrix}\mathbf{0}\\0\\0\\\mathbf{0}\\0\\\bar{q}_z(z^*)\end{bmatrix} +$$

$$F_k(z-z_k)\cdots F_2(h_2)F_1(h_1)\begin{bmatrix}\bar{u}\\0\\0\\\mathbf{0}\\\bar{v}_z\\\bar{q}_z\end{bmatrix}_{z=0} \tag{3.43}$$

对于 $z<z^*$ 的计算点

$$\begin{bmatrix} \bar{\pmb{u}} \\ \bar{P} \\ \bar{T} \\ \bar{\pmb{t}} \\ \bar{v}_z \\ \bar{q}_z \end{bmatrix}_z = \pmb{F}_k(z-z_k)\cdots\pmb{F}_2(h_2)\pmb{F}_1(h_1)\begin{bmatrix} \bar{\pmb{u}} \\ 0 \\ 0 \\ \pmb{0} \\ \bar{v}_z \\ \bar{q}_z \end{bmatrix}_{z=0} \tag{3.44}$$

根据解的形式(3.12)和式(3.13),对式(3.43)或式(3.44)进行求和即可得到任意一层 $[\tilde{\pmb{u}},\ \tilde{P},\ \tilde{T},\ \tilde{\pmb{t}},\ \tilde{v}_z,\ \tilde{q}_z]_z^{\mathrm{T}}$,其余物理量的计算公式见式(3.33)。

为了得到物理域中的实际解,需要进行反 Laplace 变换,这里使用 FT 方法进行反 Laplace 变换。定义如下参数:

$$\delta = \frac{2\chi}{5t},\ \ s(\vartheta)=\delta\vartheta(\cot\vartheta+i),\ \ \theta=\frac{k\pi}{\chi} \tag{3.45}$$

式中,$k=1$,$\cdots$,$\chi-1$ 且 χ 是 $2\sim10$ 的自然数,表示计算精度,χ 越大精度越高。FT 的计算方程如下[5,6]:

$$f(x,\ y,\ z,\ t)$$

$$\approx \frac{\delta}{\chi}\left[\frac{1}{2}\tilde{f}(w=\delta)\,\mathrm{e}^{\delta t}\ +\right. \tag{3.46}$$

$$\left.\sum_{k=1}^{\chi-1}\mathrm{Re}\left(\left(1+i\sigma\left(\frac{k\pi}{\chi}\right)\right)\tilde{f}\left(w=s\left(\frac{k\pi}{\chi}\right)\right)\mathrm{e}^{s\left(\frac{k\pi}{\chi}\right)t}\right)\right]$$

式中,$\sigma(\vartheta)=\vartheta+(\vartheta\cot\vartheta-1)\cot\vartheta$。最后,对无量纲物理量回归:

$$\sigma_{ij}=\hat{\sigma}_{ij}(C_{ij})_{\max}$$

$$C_{ij} = \hat{C}_{ij} (C_{ij})_{\max}$$

$$x_i = \hat{x}_i X_{\max}$$

$$P = \hat{P} (C_{ij})_{\max}$$

$$K_{ii} = \hat{K}_{ii} K_{\max}$$

$$T = \frac{(C_{ij})_{\max}}{(\beta_i)_{\max}} \hat{T}$$

$$\beta_i = \hat{\beta}_i (\beta_i)_{\max}$$

$$c_{\mathrm{T}} = \frac{(k_{\mathrm{T}})_{\max}}{(C_{ij})_{\max} K_{\max}} \hat{c}_{\theta} \qquad (3.47)$$

$$M = \hat{M} (C_{ij})_{\max}$$

$$k_{\mathrm{T}} = \hat{k}_{\mathrm{T}} (k_{\mathrm{T}})_{\max}$$

$$t = \frac{\hat{t} X_{\max}^2}{(C_{ij})_{\max} K_{\max}}$$

$$\beta_{\mathrm{m}} = \frac{\hat{\beta}_{\mathrm{m}} (\beta_i)_{\max}}{(C_{ij})_{\max}}$$

$$v_i = \frac{(C_{ij})_{\max} K_{\max} \hat{v}_i}{X_{\max}}$$

3.4 水平成层结构各向异性多孔介质的表面载荷解析解

3.3 节中，我们讨论了水平成层结构各向异性多孔介质内部存在点源时的解。同时，多孔介质表面受到载荷的情况也普遍存在，如表面受压、有温差等。本节将对这种情况展开讨论，为了更好地体现热流固耦合效应，表面载荷使用温度载荷 $T^*(t, x, y)$，其余边界条件不变。几何模型见图 3.1。

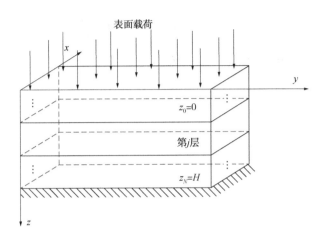

图 3.1　N 层多孔各向异性有限介质受表面载荷示意图

同样先对温度载荷进行无量纲化和 Laplace 变换，得到 $\widetilde{T}^*(w, x, y)$。根据 3.2 节中求得的通解，将表面载荷代入通解中，得到

$$\begin{bmatrix} \mathbf{0} \\ \widetilde{P} \\ \widetilde{T} \\ \tilde{\boldsymbol{t}} \\ 0 \\ 0 \end{bmatrix}_{z=H} = \boldsymbol{F}_N(h_N)\boldsymbol{F}_{N-1}(h_{N-1})\cdots\boldsymbol{F}_2(h_2)\boldsymbol{F}_1(h_1) \begin{bmatrix} \widetilde{\boldsymbol{u}} \\ 0 \\ \widetilde{T}^*(w, x, y) \\ \mathbf{0} \\ \tilde{v}_z \\ \tilde{q}_z \end{bmatrix}_{z=0}$$

$$= \begin{bmatrix} M_{11} & M_{12} & M_{13} & M_{14} & M_{15} & M_{16} \\ M_{21} & M_{22} & M_{23} & M_{24} & M_{25} & M_{26} \\ 0 & 0 & M_{33} & 0 & 0 & M_{36} \\ M_{41} & M_{42} & M_{43} & M_{44} & M_{45} & M_{46} \\ M_{51} & M_{52} & M_{53} & M_{54} & M_{55} & M_{56} \\ 0 & 0 & M_{63} & 0 & 0 & M_{66} \end{bmatrix} \begin{bmatrix} \widetilde{\boldsymbol{u}} \\ 0 \\ \widetilde{T}^*(w, x, y) \\ \boldsymbol{0} \\ \widetilde{v}_z \\ \widetilde{q}_z \end{bmatrix}_{z=0}$$

$$(3.48)$$

展开得到

$$\boldsymbol{0} = \boldsymbol{M}_{11}\widetilde{\boldsymbol{u}}\big|_{z=0} + \boldsymbol{M}_{13}\widetilde{T}^*(w, x, y) + \boldsymbol{M}_{15}\widetilde{v}_z\big|_{z=0} + \boldsymbol{M}_{16}\widetilde{q}_z\big|_{z=0}$$

$$0 = \boldsymbol{M}_{51}\widetilde{\boldsymbol{u}}\big|_{z=0} + M_{53}\widetilde{T}^*(w, x, y) + \boldsymbol{M}_{55}\widetilde{v}_z\big|_{z=0} + M_{56}\widetilde{q}_z\big|_{z=0} \qquad (3.49)$$

$$0 = M_{63}\widetilde{T}^*(w, x, y) + M_{66}\widetilde{q}_z\big|_{z=0}$$

解得

$$\widetilde{q}_z\big|_{z=0} = -\frac{M_{63}}{M_{66}}\widetilde{T}^*(w, x, y)$$

$$\widetilde{v}_z\big|_{z=0} = \frac{\widetilde{T}^*(w, x, y)}{\boldsymbol{M}_{51}\boldsymbol{M}_{11}^{-1}\boldsymbol{M}_{15} - \boldsymbol{M}_{55}}\left[M_{53} - M_{56}\frac{M_{63}}{M_{66}} - \boldsymbol{M}_{51}\boldsymbol{M}_{11}^{-1}\left(\boldsymbol{M}_{13} - \boldsymbol{M}_{16}\frac{M_{63}}{M_{66}}\right)\right] \quad (3.50)$$

$$\widetilde{\boldsymbol{u}}\big|_{z=0} = -\boldsymbol{M}_{11}^{-1}\left[\boldsymbol{M}_{13}\widetilde{T}^*(w, x, y) + \boldsymbol{M}_{15}\widetilde{v}_z\big|_{z=0} + \boldsymbol{M}_{16}\widetilde{q}_z\big|_{z=0}\right]$$

在得到了 $\begin{bmatrix} \widetilde{U} \\ \widetilde{\Pi} \end{bmatrix}_{z=0}$ 之后，就可以得到任一层任意位置的物理量表达式，其

具体求解方法与式(3.12)一致。

3.5 本章小结

本章基于多孔介质热孔隙弹性理论，通过 Laplace 变换、Pseudo-Stroh 理论和特征值理论，对四边简支的边界条件傅里叶级数展开，构建了有限边界各向异性多孔介质瞬态热流固耦合问题的通解。之后借助传递矩阵法推广到了多层水平成层结构的非稳态热流固耦合通解，并给出了内部点源和表面载荷两种情况的解析解。此外，本章所介绍的径向成层结构的热流固耦合解可以简化为热固耦合解或流固耦合解。

参 考 文 献

[1] MALEKZADEH P, GHAEDSHARAF M. Three-dimensional thermoelastic analysis of finite length laminated cylindrical panels with functionally graded layers[J]. Meccanica, 2013, 49(4): 887-906.

[2] 邵珠山，乔汝佳. 考虑隔热层的高岩温隧道温度场和应力场分布规律研究[J]. 应用力学学报，2017，34(05)：869-874+1011.

[3] STEHFEST H. Remark on algorithm 368: Numerical inversion of Laplace transforms[J]. Communications of the ACM, 1970, 13(10): 624.

[4] YANG L Z, HE F M, LI Y, et al. Three-dimensional steady-state closed form solution for multilayered fluid-saturated anisotropic finite media due to surface/internal point source[J]. Applied Mathematics and Mechanics, 2020, 42(1): 17-38.

[5] ABATE J, VALK6 P P. Multi-precisionLaplace transform inversion[J]. International Journal for Numerical Methods in Engineering, 2004, 60(5): 979-993.

[6] AI Z Y, YE Z, ZHAO Z, et al. Time-dependent behavior of axisymmetric thermal consolidation for multilayered transversely isotropic poroelastic material [J]. Applied Mathematical Modelling, 2018, 61: 216-236.

第4章 三维轴对称层状多孔介质热流固耦合问题的求解

径向成层结构广泛存在于自然界和油气井工程应用中，本章将讨论径向成层结构三维轴对称热流固耦合问题的解析解。采用分离变量法将三维轴对称问题拆解为两部分，第一部分为与 z 无关的二维轴对称解，第二部分为与 z 相关的解。本章还讨论了径向成层结构两种边界的处理方法，给出了有限边界和无穷远边界条件下的径向成层结构热流固问题的解析解。

4.1 三维轴对称结构热流固耦合问题通解

4.1.1 问题描述和基本方程

假设一个三维轴对称结构，材料均为各向同性，如图 4.1 所示。其顶底部固定、绝热且不透水，内外侧自由，其内半径为 r_0，外半径为 r_1，圆柱高为 H，底部 $z=-H$，顶部 $z=0$，假设内壁面有一温度载荷 $T^*(t)$，外壁面孔压和温度均为零，顶底部 z 方向位移固定。边界条件具体表达式如下：

$$\begin{cases} r=r_0: & T=T^*(t)，\sigma_{rr}=0，P=0 \\ r=r_1: & T=0，\sigma_{rr}=0，P=0 \\ z=0: & q_z=0，u_z=0，v_z=0 \\ z=H: & q_z=0，u_z=0，v_z=0 \end{cases} \tag{4.1}$$

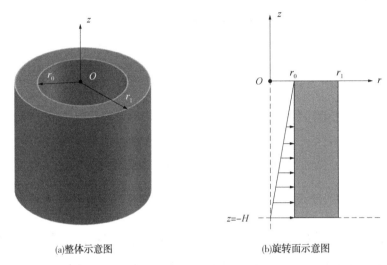

(a)整体示意图   (b)旋转面示意图

图 4.1 内部线性载荷作用下的三维轴对称结构

几何方程如下：

$$\varepsilon_{rr}=\frac{\partial u_r}{\partial r}，\ \varepsilon_{\theta\theta}=\frac{u_r}{r}，\ \varepsilon_{zz}=\frac{\partial u_z}{\partial z}，\ \gamma_{rz}=\frac{1}{2}\left(\frac{\partial u_r}{\partial z}+\frac{\partial u_z}{\partial r}\right) \tag{4.2}$$

式中，r、θ 和 z 均为柱坐标系下的方向；ε_{rr}、$\varepsilon_{\theta\theta}$ 和 ε_{zz} 分别为 r、θ 和 z 的应变；γ_{rz} 为切应变；u_r 和 u_z 分别为 r 和 z 的位移，m。

各向同性材料的本构方程为

$$\begin{cases} \sigma_{rr}=(\lambda+2\mu)\varepsilon_{rr}+\lambda\varepsilon_{\theta\theta}+\lambda\varepsilon_{zz}-\alpha P-\beta T \\ \sigma_{\theta\theta}=\lambda\varepsilon_{rr}+(\lambda+2\mu)\varepsilon_{\theta\theta}+\lambda\varepsilon_{zz}-\alpha P-\beta T \\ \sigma_{zz}=\lambda\varepsilon_{rr}+\lambda\varepsilon_{\theta\theta}+(\lambda+2\mu)\varepsilon_{zz}-\alpha P-\beta T \\ \tau_{rz}=2\mu\gamma_{rz} \end{cases} \tag{4.3}$$

式中，σ_{rr}、$\sigma_{\theta\theta}$ 和 σ_{zz} 分别为 r、θ 和 z 的应力，$\mathrm{N/m^2}$；τ_{rz} 为 rz 方向的切应力，

N/m^2；λ 和 μ 为拉梅系数，$\lambda = \dfrac{\nu E}{(1+\nu)(1-2\nu)}$，$\mu = \dfrac{E}{2(1+\nu)}$，N/m^2；$E$ 为弹性模量，N/m^2；ν 为泊松比；α 为 Biot 固结系数；P 为压力，Pa；β 为面应力–温度系数，N/(m^2·K)；T 为温度变化量，K。

应力平衡方程为

$$\frac{\partial \sigma_{rr}}{\partial r} + \frac{\sigma_{rr}-\sigma_{\theta\theta}}{r} + \frac{\partial \tau_{rz}}{\partial z} = 0$$
$$\frac{\partial \tau_{rz}}{\partial r} + \frac{\partial \sigma_{zz}}{\partial z} + \frac{\tau_{rz}}{r} = 0 \tag{4.4}$$

接下来是柱坐标系下三维轴对称的温度场热传导方程和热流方程：

$$\frac{\partial T}{\partial t} = \frac{k_{\mathrm{T}}}{c_{\mathrm{T}}} \left(\frac{\partial^2}{\partial r^2} + \frac{1}{r}\frac{\partial}{\partial r} + \frac{\partial^2}{\partial z^2} \right) T \tag{4.5}$$

$$q_r = k_{\mathrm{T}} \frac{\partial T}{\partial r}, \quad q_z = k_{\mathrm{T}} \frac{\partial T}{\partial z} \tag{4.6}$$

式中，q_r 和 q_z 分别表示 r 方向和 z 方向的热通量，W/m^2；k_{T} 为热传导系数，W/(m^2·K)；t 为时间，s；c_{T} 为热扩散系数，m^2·s，$c_{\mathrm{T}} = \phi\rho_{\mathrm{f}}c_{\mathrm{f}} + (1-\phi)\rho_{\mathrm{s}}c_{\mathrm{s}}$，其中，$\phi$ 为介质的孔隙率，%，ρ_{f} 为流体密度，kg/m^3，c_{f} 为流体比热容，J/(kg·K)，ρ_{s} 为基质密度，kg/m^3，c_{s} 为基质比热容，J/(kg·K)；$i = 1$，2，3；$j = 1$，2，3。

最后是柱坐标系下三维轴对称的渗流场质量守恒方程和流速方程：

$$\frac{\partial \xi}{\partial t} - \frac{k}{\rho_{\mathrm{f}}g} \left(\frac{\partial^2}{\partial r^2} + \frac{1}{r}\frac{\partial}{\partial r} + \frac{\partial^2}{\partial z^2} \right) P = 0 \tag{4.7}$$

$$v_r = -\frac{k}{\rho_{\mathrm{f}}g} \frac{\partial P}{\partial r}, \quad v_z = -\frac{k}{\rho_{\mathrm{f}}g} \frac{\partial P}{\partial z} \tag{4.8}$$

式中，v_i 为渗流速度，m/s；k 为渗透系数，m/s；g 为重力加速度，m/s^2；ξ 为容水度，%。为了便于后面书写，令 $K = k/(\rho_{\mathrm{f}}g)$。孔压的表达式为

$$P = M\xi - \alpha M\varepsilon_{rr} - \alpha M\varepsilon_{\theta\theta} - \alpha M\varepsilon_{zz} + \beta_{\mathrm{m}}MT \tag{4.9}$$

式中，β_i 为与 i 轴垂直的面上的面应力–温度系数，N/(m^2·K)；T 为温度变

化量，K；β_m 为体应变–温度系数，$\beta_m = \alpha\beta_s + \phi(\beta_f - \beta_s)$，$1/K$，其中 β_f 为流体的体热膨胀系数，$1/K$，β_s 为固体骨架的体热膨胀系数，$1/K$。

在开始具体求解前，同样对物理量进行无量纲化，具体公式(4.10)如下：

$$\hat{\sigma}_{ij} = \frac{\sigma_{ij}}{(\lambda + 2\mu)_{max}}$$

$$\hat{\lambda} = \frac{\lambda}{(\lambda + 2\mu)_{max}}$$

$$\hat{\mu} = \frac{\mu}{(\lambda + 2\mu)_{max}}$$

$$\hat{P} = \frac{P}{(\lambda + 2\mu)_{max}}$$

$$\hat{T} = \frac{(\beta_i)_{max}}{(\lambda + 2\mu)_{max}} T$$

$$\hat{\beta} = \frac{\beta}{(\beta)_{max}}$$

$$\hat{c}_T = \frac{c_T}{(\lambda + 2\mu)_{max} K_{max}} \qquad (4.10)$$

$$\hat{\beta}_m = \beta_m \frac{(\lambda + 2\mu)_{max}}{(\beta_i)_{max}}$$

$$\hat{M} = \frac{M}{(\lambda + 2\mu)_{max}}$$

$$\hat{k}_T = \frac{k_T}{(k_T)_{max}}$$

$$\hat{t} = \frac{(\lambda + 2\mu)_{max} K_{max} t}{X_{max}^2}$$

$$\hat{v}_i = \frac{X_{max} v_i}{(\lambda + 2\mu)_{max} K_{max}}$$

$$\hat{K} = \frac{K}{K_{max}}$$

采用 Laplace 变换处理方程中的非稳态项，Laplace 变换的原理如下[1]：

$$\tilde{f}(x, y, z, w) = \int_0^\infty f(x, y, z, t) e^{-wt} dt \tag{4.11}$$

式中，上标 ~ 表示 Laplace 域下的物理量；w 表示物理域中的时间变换到 Laplace 域中的相应量。对于三维轴对称（轴向、径向）热流固耦合问题，先单独求解温度场，再求解应力场和渗流场。本文采用分离变量法求解三维轴对称热流固耦合问题，需要对变量进行简单的分解，定义一个变量矩阵 $\varXi$，分离变量后得到：

$$\widetilde{\varXi} = \widetilde{\varXi}_1 + \widetilde{\varXi}_2 \tag{4.12}$$

式中，$\widetilde{\varXi} = [\tilde{T}, \tilde{q}_k, \tilde{P}, \tilde{v}_k, \tilde{\sigma}_{kl}, \tilde{\varepsilon}_{kl}, \tilde{u}_k]^{\mathrm{T}}$，$k, i = r, \theta, z$；第一部分为 $\partial/\partial z = 0$ 的部分，用 $\widetilde{\varXi}_1$ 表示，$\widetilde{\varXi}_1 = [\tilde{T}_1, \tilde{q}_{k1}, \tilde{P}_1, \tilde{v}_{k1}, \tilde{\sigma}_{kl1}, \tilde{\varepsilon}_{kl1}, \tilde{u}_{k1}]^{\mathrm{T}}$，显然，当 $\partial/\partial z = 0$ 时，$\tilde{q}_z$、$\tilde{v}_z$、$\tilde{\varepsilon}_{zz}$、$\tilde{\gamma}_{rz}$ 和 $\tilde{u}_z$ 均为 0；第二部分为 $\partial/\partial z \neq 0$ 的部分，用 $\widetilde{\varXi}_2$ 表示，$\widetilde{\varXi}_2 = [\tilde{T}_2, \tilde{q}_{k2}, \tilde{P}_2, \tilde{v}_{k2}, \tilde{\sigma}_{kl2}, \tilde{\varepsilon}_{kl2}, \tilde{u}_{k2}]^{\mathrm{T}}$。分离变量之后对两部分单独展开求解。

（1）$\partial/\partial z = 0$ 的部分

首先对温度场展开求解，经过 Laplace 变换后，$\partial/\partial z = 0$ 时热传导方程如下：

$$w\widetilde{T}_1 = \frac{k_{\mathrm{T}}}{c_{\mathrm{T}}} \left(\frac{\partial^2 \widetilde{T}_1}{\partial r^2} + \frac{1}{r} \frac{\partial \widetilde{T}_1}{\partial r} \right) \tag{4.13}$$

可以发现，方程（4.13）与贝塞尔方程的形式一致，其解为

$$\widetilde{T}_1 = F_1 I_0(\delta_{\mathrm{T}_1} r) + F_2 K_0(\delta_{\mathrm{T}_1} r) \tag{4.14}$$

式中，F_1 和 F_2 是两个待求系数；$\delta_{\mathrm{T}_1} = \sqrt{\dfrac{wc_{\mathrm{T}}}{k_{\mathrm{T}}}}$；$I_0$ 是零阶第一类修正贝塞尔函数；K_0 是零阶第二类修正贝塞尔函数。之后根据式（4.6）可以得到 $\tilde{q}_r$ 的表达式如下：

$$\widetilde{q}_r = -k_T \delta_{T_1} \left[F_1 I_1(\delta_{T_1} r) - F_2 K_1(\delta_{T_1} r) \right] \tag{4.15}$$

接着求解应力场表达式，$\partial / \partial z = 0$ 时，应力平衡方程如下：

$$\frac{\partial \widetilde{\sigma}_{rr1}}{\partial r} + \frac{\widetilde{\sigma}_{rr1} - \widetilde{\sigma}_{\theta\theta1}}{r} = 0 \tag{4.16}$$

引入一个应力函数 φ 用于求解方程(4.16)，该函数只与 r 有关，其与应力各个分量的关系如下：

$$\widetilde{\sigma}_{rr1} = \frac{1}{r} \frac{\partial \varphi}{\partial r}, \quad \widetilde{\sigma}_{\theta\theta1} = \frac{\partial^2 \varphi}{\partial r^2} \tag{4.17}$$

此外，为了实现渗流场-应力场-温度场的耦合效应，构建应力函数 φ，该应力函数需严格满足应力本构方程和应力平衡方程，同时应力函数需满足：

$$\left(\frac{\partial^2}{\partial r^2} + \frac{1}{r} \frac{\partial}{\partial r} \right) \left(\frac{1}{r} \frac{\partial \varphi}{\partial r} + \frac{\partial^2 \varphi}{\partial r^2} + \frac{1-2\nu}{1-\nu} \beta \widetilde{T}_1 + \frac{1-2\nu}{1-\nu} \alpha \widetilde{P}_1 \right) = 0 \tag{4.18}$$

求解方程(4.18)从而得到应力函数的表达式，将其代入应力分量与应力函数的关系式(4.17)中可以得到应力的具体表达式：

$$\widetilde{\sigma}_{rr1} = \frac{A}{r^2} + B(2\ln r - 1) + 2C - \frac{1-2\nu}{1-\nu} \frac{\beta}{r^2} \int_a^r (\widetilde{T}_1 r)\, dr -$$

$$\frac{1-2\nu}{1-\nu} \frac{\alpha}{r^2} \int_b^r (\widetilde{P}_1 r)\, dr$$

$$\widetilde{\sigma}_{\theta\theta1} = -\frac{A}{r^2} + B(2\ln r + 1) + 2C + \frac{1-2\nu}{1-\nu} \cdot \frac{\beta}{r^2} \int_a^r (\widetilde{T}_1 r)\, dr +$$

$$\frac{1-2\nu}{1-\nu} \frac{\alpha}{r^2} \int_b^r (\widetilde{P}_1 r)\, dr - \frac{1-2\nu}{1-\nu} \beta \widetilde{T}_1 - \frac{1-2\nu}{1-\nu} \alpha \widetilde{P}_1$$

$$\tag{4.19}$$

式中，A、B 和 C 是三个未知数，具体数值由边界条件决定；积分下限 a 和 b 是两个大于 0 但是小于 r_0 的数；孔压 P 的具体表达式将在后续的渗流场求出。同时，在轴对称问题中，未知数 $B = 0$，因而应力表达式做出更改如下：

$$\widetilde{\sigma}_{rr1} = \frac{A}{r^2} + 2C - \frac{1-2\nu}{1-\nu}\frac{\beta}{r^2}\int_a^r (\widetilde{T}_1 r)\,\mathrm{d}r - \frac{1-2\nu}{1-\nu}\frac{\alpha}{r^2}\int_b^r (\widetilde{P}_1 r)\,\mathrm{d}r$$

$$\widetilde{\sigma}_{\theta\theta1} = -\frac{A}{r^2} + 2C + \frac{1-2\nu}{1-\nu}\frac{\beta}{r^2}\int_a^r (\widetilde{T}_1 r)\,\mathrm{d}r +$$

$$\frac{1-2\nu}{1-\nu}\frac{\alpha}{r^2}\int_b^r (\widetilde{P}_1 r)\,\mathrm{d}r -$$

$$\frac{1-2\nu}{1-\nu}\beta\widetilde{T}_1 - \frac{1-2\nu}{1-\nu}\alpha\widetilde{P}_1$$

$$(4.20)$$

当 $\partial/\partial z = 0$ 时，孔压表达式变为

$$\widetilde{P}_1 = M\widetilde{\xi} - \alpha M\widetilde{\varepsilon}_{rr1} - \alpha M\widetilde{\varepsilon}_{\theta\theta1} + \beta_m M\widetilde{T}_1 \qquad (4.21)$$

将孔压表达式代入 $\partial/\partial z = 0$ 时的质量守恒方程中，可以得到：

$$\frac{w}{M}\widetilde{P}_1 + w\alpha\left(\frac{\widetilde{\sigma}_{rr1} + \widetilde{\sigma}_{\theta\theta1} + 2\alpha\widetilde{P}_1 + 2\beta\widetilde{T}_1}{2\lambda + 2\mu}\right) -$$

$$(4.22)$$

$$K\left(\frac{\partial^2\widetilde{P}_1}{\partial r^2} + \frac{1}{r}\frac{\partial\widetilde{P}_1}{\partial r}\right) - w\beta_m\widetilde{T}_1 = 0$$

将应力的表达式(4.20)代入式(4.22)中，整理得到

$$\left(\frac{\partial^2}{\partial r^2} + \frac{1}{r}\frac{\partial}{\partial r}\right)\widetilde{P}_1 - \frac{w}{K}\left[\frac{1}{M} + \frac{\alpha^2}{\lambda+\mu}\frac{1}{2(1-\nu)}\right]\widetilde{P}_1$$

$$(4.23)$$

$$= \frac{2Cw\alpha}{K(\lambda+\mu)} - \frac{w}{K}\left[\beta_m - \frac{\alpha\beta}{\lambda+\mu}\frac{1}{2(1-\nu)}\right]\widetilde{T}_1$$

式(4.23)为非齐次微分方程，观察等式左边为贝塞尔方程的形式，使用参考文献[2]中的方法，假设方程特解为

$$\widetilde{P}_1^* = X_1\widetilde{T}_1 + X_2 C \qquad (4.24)$$

式中，X_1 和 X_2 为待求系数。将特解代入方程(4.23)中，结合温度场方程(4.13)可以求出两个系数的具体表达式：

$$X_1 = -\frac{w}{K}\left(\beta_{\mathrm{m}} - \frac{\alpha\beta}{\lambda+\mu}\frac{1}{2(1-\nu)}\right) \Big/ \left[\frac{wc_{\mathrm{T}}}{k_{\mathrm{T}}} - \frac{w}{K}\left(\frac{1}{M} + \frac{\alpha^2}{\lambda+\mu}\frac{1}{2(1-\nu)}\right)\right]$$

$$X_2 = -\frac{2w\alpha}{K(\lambda+\mu)} \Big/ \frac{w}{K}\left(\frac{1}{M} + \frac{\alpha^2}{\lambda+\mu}\frac{1}{2(1-\nu)}\right)$$

(4.25)

最终得到方程的特解为

$$\widetilde{P}_1 = A_1 I_0(\delta_{\mathrm{P}_1} r) + B_1 K_0(\delta_{\mathrm{P}_1} r) + \widetilde{P}_1^*$$

(4.26)

式中，$\delta_{\mathrm{P}_1} = \sqrt{\dfrac{w}{K}\left(\dfrac{1}{M} + \dfrac{\alpha^2}{\lambda+\mu}\dfrac{1}{2(1-\nu)}\right)}$。根据式(4.8)和孔压表达式可以求出

$\widetilde{v}_z$ 的表达式：

$$\widetilde{v}_z = -K\{\delta_{\mathrm{P}_1}[A_1 I_1(\delta_{\mathrm{P}_1} r) - B_1 K_1(\delta_{\mathrm{P}_1} r)] + X_1 \delta_{\mathrm{T}_1}[F_1 I_1(\delta_{\mathrm{T}_1} r) - F_2 K_1(\delta_{\mathrm{T}_1} r)]\}$$

(4.27)

将得到的孔压表达式和温度表达式代回到应力的表达式中即可得到应力的具体计算公式(4.28)：

$$\widetilde{\sigma}_{rr1} = \frac{A}{r^2} + 2C - \frac{1-2\nu}{1-\nu}\frac{\beta}{r}\frac{1}{\delta_{\mathrm{T}_1}}[F_1 I_1(\delta_{\mathrm{T}_1} r) - F_2 K_1(\delta_{\mathrm{T}_1} r)] -$$

$$\frac{1-2\nu}{1-\nu}\frac{\alpha}{r}\left\{\frac{A_1}{\delta_{\mathrm{P}_1}}I_1(\delta_{\mathrm{P}_1} r) - \frac{B_1}{\delta_{\mathrm{P}_1}}K_1(\delta_{\mathrm{P}_1} r) + \right.$$

$$\left. \frac{X_1}{\delta_{\mathrm{T}_1}}[F_1 I_1(\delta_{\mathrm{T}_1} r) - F_2 K_1(\delta_{\mathrm{T}_1} r)] + X_2\frac{Cr}{2}\right\}$$

$$\widetilde{\sigma}_{\theta\theta1} = -\frac{A}{r^2} + 2C + \frac{1-2\nu}{1-\nu}\frac{\beta}{r}\frac{1}{\delta_{\mathrm{T}_1}}[F_1 I_1(\delta_{\mathrm{T}_1} r) - F_2 K_1(\delta_{\mathrm{T}_1} r)] -$$

$$\frac{1-2\nu}{1-\nu}\beta[F_1 I_0(\delta_{\mathrm{T}_1} r) + F_2 K_0(\delta_{\mathrm{T}_1} r)] +$$

$$\frac{1-2\nu}{1-\nu}\frac{\alpha}{r}\left\{\frac{A_1}{\delta_{\mathrm{P}_1}}I_1(\delta_{\mathrm{P}_1} r) - \frac{B_1}{\delta_{\mathrm{P}_1}}K_1(\delta_{\mathrm{P}_1} r) + \right.$$

$$\frac{X_1}{\delta_{T_1}}\left[F_1 I_1(\delta_{T_1}r)-F_2 K_1(\delta_{T_1}r)\right]+X_2\frac{Cr}{2}\Bigg\}-$$

$$\frac{1-2\nu}{1-\nu}\alpha\big\{A_1 I_0(\delta_{P_1}r)+B_1 K_0(\delta_{P_1}r)+$$

$$X_1\left[F_1 I_0(\delta_{T_1}r)+F_2 K_0(\delta_{T_1}r)\right]+X_2 C\big\}$$

$$(4.28)$$

根据本构方程(4.3)和应力表达式(4.28)可以求解出 $\widetilde{\varepsilon}_{\theta\theta1}$ 的表达式：

$$\widetilde{\varepsilon}_{\theta\theta1}=-\frac{1}{2\mu}\frac{A}{r^2}+\frac{C}{\lambda+\mu}+$$

$$\frac{1}{2\mu}\frac{1-2\nu}{1-\nu}\frac{1}{r^2}\left[\beta\int_a^r(\widetilde{T}_1 r)\,\mathrm{d}r+\alpha\int_b^r(\widetilde{P}_1 r)\,\mathrm{d}r\right]$$

$$(4.29)$$

最后根据几何方程(4.2)得到 $\widetilde{u}_{r1}$ 的表达式：

$$\widetilde{u}_{r1}=-\frac{A}{2\mu r}+\frac{Cr}{\lambda+\mu}+\frac{1-2\nu}{1-\nu}\frac{1}{2\mu}\frac{\beta}{\delta_{T_1}}\left[F_1 I_1(\delta_{T_1}r)-F_2 K_1(\delta_{T_1}r)\right]+$$

$$\frac{1-2\nu}{1-\nu}\frac{1}{2\mu}\alpha\left\{\frac{A_1}{\delta_{P_2}}I_1(\delta_{P_2}r)-\frac{B_1}{\delta_{P_2}}K_1(\delta_{P_2}r)+\right.$$

$$\left.\frac{X_1}{\delta_{T_1}}\left[F_1 I_1(\delta_{T_1}r)-F_2 K_1(\delta_{T_1}r)\right]+X_2 C\frac{r}{2}\right\}$$

$$(4.30)$$

至此，$\widetilde{\Xi}_1$ 中的物理量均已求得。

（2）$\partial/\partial z\neq0$ 的部分

对于 $\widetilde{\Xi}_2$ 中的物理量，需要先进行分离变量，即

$$\widetilde{\Xi}_2=f_{\widetilde{\Xi}_2}(r)\cdot Z(z)$$

$$(4.31)$$

经过 Laplace 变换之后，热传导方程(4.5)变为

$$w\widetilde{T}_2 = \frac{k_T}{c_T}\left(\frac{\partial^2 \widetilde{T}_2}{\partial r^2} + \frac{1}{r}\frac{\partial \widetilde{T}_2}{\partial r} + \frac{\partial^2 \widetilde{T}_2}{\partial z^2}\right) \tag{4.32}$$

令 $\dfrac{\partial^2 Z(z)}{\partial z^2}\dfrac{1}{Z(z)} = -\lambda_n^2$，其中 n 是正整数，因此可以得到 $Z(z)$ 的表达式：

$$Z(z) = Z_1(z) + Z_2(z) = \sum_{n=1}^{n}\left[C_{1n}\sin(\lambda_n z) + C_{2n}\cos(\lambda_n z)\right] \tag{4.33}$$

式中，C_{1n} 和 C_{2n} 为两个未知数，取决于边界条件。以 $Z_2(z) = \sum_{n=1}^{n} C_{2n}\cos(\lambda_n z)$ 为例，将表达式代入式(4.32)得到

$$\frac{\partial^2 f_{T_2}(r)}{\partial r^2} + \frac{1}{r}\frac{\partial f_{T_2}(r)}{\partial r} - \left(\lambda_n^2 + \frac{wc_T}{k_T}\right)f_{T_2}(r) = 0 \tag{4.34}$$

式(4.34)同样是一个贝塞尔方程，结合式(4.31)可以得到一部分的 $\widetilde{T}_2$ 表达式

$$\begin{aligned}\widetilde{T}_2 &= f_{T_2}(r)Z_2(z)\\ &= \sum_{n=1}^{n}\cos(\lambda_n z)f_{T_{2n}}(r)\\ &= \sum_{n=1}^{n}\cos(\lambda_n z)\left[F_{3n}I_0(\delta_{T_2}r) + F_{4n}K_0(\delta_{T_2}r)\right]\end{aligned} \tag{4.35}$$

式中，$f_{T_{2n}}(r) = F_{3n}I_0(\delta_{T_2}r) + F_{4n}K_0(\delta_{T_2}r)$，$F_{3n}$ 和 F_{4n} 为待求系数；$\delta_{T_2} = \sqrt{\lambda_n^2 + \dfrac{wc_T}{k_T}}$。

类似地，我们可以得到 $Z_1(z) = C_{1n}\sin(\lambda_n z)$ 部分对应的温度场解：

$$\widetilde{T}_2 = \sum_{n=1}^{n}\sin(\lambda_n z)\left[F_{5n}I_0(\delta_{T_2}r) + F_{6n}K_0(\delta_{T_2}r)\right] \tag{4.36}$$

式中，F_{5n} 和 F_{6n} 为待求系数。

最终得到 $\partial/\partial z \neq 0$ 部分温度场的表达式为

$$\widetilde{T}_2 = \sum_{n=1}^{n} \cos(\lambda_n z) \left[F_{3n} I_0(\delta_{T_2} r) + F_{4n} K_0(\delta_{T_2} r) \right] +$$

$$\sum_{n=1}^{n} \sin(\lambda_n z) \left[F_{5n} I_0(\delta_{T_2} r) + F_{6n} K_0(\delta_{T_2} r) \right] \tag{4.37}$$

接着开始求解应力场，同样使用应力函数法求解应力方程，定义应力函数 ϕ 和 ψ，该应力函数需严格满足应力本构方程(4.3)和应力平衡方程(4.4)，应力和应力函数的具体关系如下：

$$\widetilde{\sigma}_{rr2} = \frac{\partial}{\partial z} \left(\nu \nabla^2 \phi - \frac{\partial^2 \phi}{\partial r^2} \right) + \left(\nabla^2 \psi - \frac{\partial^2 \psi}{\partial r^2} \right)$$

$$\widetilde{\sigma}_{\theta\theta 2} = \frac{\partial}{\partial z} \left(\nu \nabla^2 \phi - \frac{1}{r} \frac{\partial \phi}{\partial r} \right) + \left(\nabla^2 \psi - \frac{1}{r} \frac{\partial \psi}{\partial r} \right)$$

$$\widetilde{\sigma}_{zz2} = \frac{\partial}{\partial z} \left[(2-\nu) \nabla^2 \phi - \frac{\partial^2 \phi}{\partial z^2} \right] + \left(\nabla^2 \psi - \frac{\partial^2 \psi}{\partial z^2} \right) \tag{4.38}$$

$$\widetilde{\tau}_{rz2} = \frac{\partial}{\partial r} \left[(1-\nu) \nabla^2 \phi - \frac{\partial^2 \phi}{\partial z^2} \right] - \frac{\partial^2 \psi}{\partial z \partial r}$$

$$\nabla^2 \nabla^2 \phi = 0$$

$$\nabla^2 \psi + \frac{1-2\nu}{1-\nu} \beta T + \frac{1-2\nu}{1-\nu} \alpha P = 0$$

假设一个中间函数 ω 用于求解应力函数 ϕ，这个中间函数的表达式为

$$\omega = \frac{\partial^2 \phi}{\partial r^2} + \frac{1}{r} \frac{\partial \phi}{\partial r} + \frac{\partial^2 \phi}{\partial z^2} \tag{4.39}$$

将式(4.39)代入式(4.38)中，可以得到

$$\left(\frac{\partial^2}{\partial r^2} + \frac{1}{r} \frac{\partial}{\partial r} + \frac{\partial^2}{\partial z^2} \right) \omega = 0 \tag{4.40}$$

参考温度场的求解方法，对 ω 分离变量，同样可以分为 $Z_1(z)$ 和 $Z_2(z)$，以 $Z_2(z)$ 部分为例，设

$$\omega = \sum_{n=1}^{n} \frac{f_n(r)}{\lambda_n} \sin(\lambda_n z), \quad \phi = \sum_{n=1}^{n} \frac{g_n(r)}{\lambda_n} \sin(\lambda_n z) \tag{4.41}$$

将式(4.41)代入式(4.40)中，可以得到

$$\sum_{n=1}^{n}\left(\frac{\partial^2 f_n}{\partial r^2}+\frac{1}{r}\frac{\partial f_n}{\partial r}-\lambda_n^2 f_n\right)\frac{1}{\lambda_n}\sin(\lambda_n z)=0 \tag{4.42}$$

上式符合贝塞尔方程，求解得到

$$f_n(r)=a_{0n}I_0(\lambda_n r)+a_{1n}K_0(\lambda_n r) \tag{4.43}$$

式中，a_{0n}和a_{1n}是两个待求系数。将式(4.41)和式(4.43)代入式(4.39)中，可以得到

$$\frac{\partial^2 g_n}{\partial r^2}+\frac{1}{r}\frac{\partial g_n}{\partial r}-\lambda_n^2 g_n=a_{0n}I_0(\lambda_n r)+a_{1n}K_0(\lambda_n r) \tag{4.44}$$

上式为非齐次贝塞尔方程，求得上式的解为

$$\begin{aligned}
g_n(r)=&\ C_{1n}I_0(\lambda_n r)+C_{2n}K_0(\lambda_n r)+\\
&\ I_0(\lambda_n r)\int_{r_0}^{r}K_0(\lambda_n X_1)\Phi_1(X_1)\mathrm{d}X_1-\\
&\ K_0(\lambda_n r)\int_{r_0}^{r}I_0(\lambda_n X_1)\Phi_1(X_1)\mathrm{d}X_1
\end{aligned} \tag{4.45}$$

式中，$\Phi_1(r)=\dfrac{a_0 I_0(\lambda_n r)+a_1 K_0(\lambda_n r)}{\lambda_n[I_0(\lambda_n X_1)K_1(\lambda_n X_1)+I_1(\lambda_n X_1)K_0(\lambda_n X_1)]}$，$C_{1n}$和$C_{2n}$为两个待求系数。因此，$\phi$的具体表达式为

$$\begin{aligned}
\phi=\sum_{n=1}^{n}\frac{1}{\lambda_n}\sin\lambda_n z\Big\{&\ C_{1n}I_0(\lambda_n r)+C_{2n}K_0(\lambda_n r)+\\
&\ I_0(\lambda_n r)\int_{a}^{r}K_0(\lambda_n X_1)\Phi_1(X_1)\mathrm{d}X_1-\\
&\ K_0(\lambda_n r)\int_{a}^{r}I_0(\lambda_n X_1)\Phi_1(X_1)\mathrm{d}X_1\Big\}
\end{aligned} \tag{4.46}$$

接下来求解另一个应力函数ψ，令$\psi=\sum_{n=1}^{n}h_n(r)\cos(\lambda_n z)$，则有

$$\begin{aligned}
\sum_{n=1}^{n}\Big\{&\frac{\partial^2 h_n(r)}{\partial r^2}+\frac{1}{r}\frac{\partial h_n(r)}{\partial r}-\lambda_n^2 h_n(r)+\\
&\frac{1-2\nu}{1-\nu}[\beta f_{\mathrm{T}_{2n}}(r)+\alpha f_{\mathrm{P}_{2n}}(r)]\Big\}\cos(\lambda_n z)=0
\end{aligned} \tag{4.47}$$

式中，$f_{T_{2n}}(r)$ 的表达式见式(4.35)；$f_{P_{2n}}(r)$ 是渗流场中的孔压相关函数，将在后文中求得。方程(4.47)同样是一个非齐次的贝塞尔方程，其解为

$$
\begin{aligned}
h_n(r) = {} & A_{2n}I_0(r\lambda_n) + B_{2n}K_0(r\lambda_n) + \\
& I_0(r\lambda_n)\int_a^r K_0(X_1\lambda_n)\Phi_2(X_1)\,\mathrm{d}X_1 - \\
& K_0(r\lambda_n)\int_a^r I_0(X_2\lambda_n)\Phi_2(X_1)\,\mathrm{d}X_1
\end{aligned}
\tag{4.48}
$$

式中，A_{2n} 和 B_{2n} 为两个待求系数；$\Phi_2(r) = -\dfrac{\dfrac{1-2\nu}{1-\nu}\left[\beta f_{T_{2n}}(r) + \alpha f_{P_{2n}}(r)\right]}{\lambda_n\left[I_0(r\lambda_n)K_1(r\lambda_n) + I_1(r\lambda_n)K_0(r\lambda_n)\right]}$。

因而得到另一个应力函数 ψ 的具体表达式如下：

$$
\begin{aligned}
\psi(r, z) = {} & \sum_{n=1}^{n}\cos(\lambda_n z)\Bigg\{ A_2 I_0(r\lambda_n) + B_2 K_0(r\lambda_n) + \\
& I_0(r\lambda_n)\int_a^r K_0(X_1\lambda_n)\Phi_2(X_1)\,\mathrm{d}X_1 - \\
& K_0(r\lambda_n)\int_a^r I_0(X_1\lambda_n)\Phi_2(X_1)\,\mathrm{d}X_1 \Bigg\}
\end{aligned}
\tag{4.49}
$$

通过两个应力函数表达式(4.46)、式(4.49)和应力函数和应力之间的关系式(4.38)，可以得到每个应力分量的具体表达式：

$$
\begin{aligned}
\widetilde{\sigma}_{rr2} = {} & \sum_{n=1}^{n}\cos(\lambda_n z)\Big\{\lambda_n(\nu-1)\big[a_{0n}I_0(\lambda_n r) + \\
& a_{1n}K_0(\lambda_n r)\big] - \lambda_n\big[C_{3n}I_1'(\lambda_n r) + \\
& C_{4n}K_1'(\lambda_n r) + I_1'(\lambda_n r)F_K(a, r) - \\
& K_1'(\lambda_n r)F_1(a, r)\big]\Big\}
\end{aligned}
\tag{4.50}
$$

$$\widetilde{\sigma}_{\theta\theta2} = \sum_{n=1}^{n} \cos(\lambda_n z) \Big\{ \nu\lambda_n [a_{0n}I_0(\lambda_n r) + a_{1n}K_0(\lambda_n r)] -$$

$$\frac{1-2\nu}{1-\nu}[\beta f_{T_{2n}}(r) + \alpha f_{P_{2n}}(r)] -$$

$$\frac{1}{r}[C_{3n}\lambda_n I_1(\lambda_n r) - C_{3n}\lambda_n K_1(\lambda_n r) +$$

$$\lambda_n I_1(\lambda_n r)F_K(a, r) + \lambda_n K_1(\lambda_n r)F_1(a, r)] \Big\} \tag{4.51}$$

$$\widetilde{\sigma}_{zz2} = \sum_{n=1}^{n} \cos(\lambda_n z) \Big\{ \lambda_n^2 [C_{3n}I_0(\lambda_n r) + C_{4n}K_0(\lambda_n r) +$$

$$I_0(\lambda_n r)F_K(a, r) - K_0(\lambda_n r)F_1(a, r)] -$$

$$(\nu - 2)[a_{0n}I_0(\lambda_n r) + a_{1n}K_0(\lambda_n r)] -$$

$$\frac{1-2\nu}{1-\nu}[\beta f_{T_{2n}}(r) + \alpha f_{P_{2n}}(r)] \Big\} \tag{4.52}$$

$$\widetilde{\tau}_{rz2} = \sum_{n=1}^{n} \cos(\lambda_n z) \{ \lambda_n^2 [C_{3n}I_1(\lambda_n r) - C_{4n}K_1(\lambda_n r) +$$

$$K_1(\lambda_n r)F_1(a, r) + I_1(\lambda_n r)F_K(a, r)] -$$

$$(\nu - 1)[a_{0n}I_1(\lambda_n r) - a_{1n}K_1(\lambda_n r)] \} \tag{4.53}$$

式中，$\Phi_3(r) = \Phi_1(r) + \Phi_2(r)$；$C_{3n}$ 是由 C_{1n} 和 A_{2n} 组成的未知数；C_{4n} 是由 C_{2n} 和 B_{2n} 组成的未知数；$F_1(a, r) = \int_a^r I_0(\lambda_n X_1)\Phi_3(X_1)\mathrm{d}X_1$；$F_K(a, r) = \int_a^r K_0(\lambda_n X_1)\Phi_3(X_1)\mathrm{d}X_1$；$I_1'(\lambda_n r)$ 是 1 阶修正的一类贝塞尔函数 $I_1(\lambda_n r)$ 对 r 的偏导数，$K_1'(\lambda_n r)$ 是 1 阶修正的二类贝塞尔函数 $K_1(\lambda_n r)$ 对 r 的偏导数，具体表达式如下：

$$I'_1(\lambda_n r) = \lambda_n I_0(\lambda_n r) - I_1(\lambda_n r)/r$$

$$K'_1(\lambda_n r) = \lambda_n K_0(\lambda_n r) + K_1(\lambda_n r)/r$$

(4.54)

类似的，我们可以得到 $Z_1(z)$ 部分的应力函数分量表达式：

$$\widetilde{\sigma}_{rr2} = \sum_{n=1}^{n} \sin(\lambda_n z)\{\lambda_n(\nu-1)[a_{2n}I_0(\lambda_n r) +$$

$$a_{3n}K_0(\lambda_n r)] - \lambda_n[C_{5n}I'_1(\lambda_n r) + C_{6n}K'_1(\lambda_n r) +$$

$$I'_1(\lambda_n r)F_K(a, r) - K'_1(\lambda_n r)F_I(a, r)]\}$$

(4.55)

$$\widetilde{\sigma}_{\theta\theta2} = \sum_{n=1}^{n} \sin(\lambda_n z)\{\nu\lambda_n[a_{2n}I_0(\lambda_n r) + a_{3n}K_0(\lambda_n r)] -$$

$$\frac{1-2\nu}{1-\nu}[\beta f_{T_{2n}}(r) + \alpha f_{P_{2n}}(r)] - \frac{1}{r}[C_{5n}\lambda_n I_1(\lambda_n r) -$$

$$C_{6n}\lambda_n K_1(\lambda_n r) + \lambda_n I_1(\lambda_n r)F_K(a, r) +$$

$$\lambda_n K_1(\lambda_n r)F_I(a, r)]\}$$

(4.56)

$$\widetilde{\sigma}_{zz2} = \sum_{n=1}^{n} \sin(\lambda_n z)\{\lambda_n^2[C_{5n}I_0(\lambda_n r) + C_{6n}K_0(\lambda_n r) +$$

$$I_0(\lambda_n r)F_K(a, r) - K_0(\lambda_n r)F_I(a, r)] -$$

$$(\nu-2)[a_{2n}I_0(\lambda_n r) + a_{3n}K_0(\lambda_n r)] -$$

$$\frac{1-2\nu}{1-\nu}[\beta f_{T_{2n}}(r) + \alpha f_{P_{2n}}(r)]\}$$

(4.57)

$$\widetilde{\tau}_{rz2} = \sum_{n=1}^{n} \cos(\lambda_n z)\{\lambda_n^2[C_{5n}I_1(\lambda_n r) - C_{6n}K_1(\lambda_n r) +$$

$$K_1(\lambda_n r)F_I(a, r) + I_1(\lambda_n r)F_K(a, r)] -$$

$$(\nu-1)[a_{2n}I_1(\lambda_n r) - a_{3n}K_1(\lambda_n r)]\}$$

(4.58)

式中，a_{2n}、a_{3n}、C_{5n} 和 C_{6n} 均为待求系数。

接着求解渗流场方程，经过 Laplace 变换之后，可以得到

$$\frac{w}{M}\widetilde{P}+w\alpha\left(\frac{\widetilde{\sigma}_{rr}+\widetilde{\sigma}_{\theta\theta}+\widetilde{\sigma}_{zz}+3\alpha\widetilde{P}+3\beta\widetilde{T}}{3\lambda+2\mu}\right)-K\,\nabla^2\widetilde{P}-w\beta_{\mathrm{m}}\widetilde{T}=0 \qquad (4.59)$$

类似于温度场，将 $\widetilde{P}$ 分离变量，以 $Z_2(z)=\sum_{n=1}^{n}C_{2n}\cos(\lambda_n z)$ 为例，代入整理得到

$$\frac{\partial^2 f_{\mathrm{P}_2}(r)}{\partial r^2}+\frac{1}{r}\,\frac{\partial f_{\mathrm{P}_2}(r)}{\partial r}-\left[\lambda_n^2+\frac{w}{K}\left(\frac{1}{M}+\frac{3\alpha^2}{3\lambda+2\mu}-\frac{2\alpha^2}{3\lambda+2\mu}\,\frac{1-2\nu}{1-\nu}\right)\right]f_{\mathrm{P}_2}(r)$$

$$=-\frac{w}{K}\left(\beta_{\mathrm{m}}-\frac{3\alpha\beta}{3\lambda+2\mu}+\frac{2\alpha\beta}{3\lambda+2\mu}\,\frac{1-2\nu}{1-\nu}\right)\left[\,F_{3n}I_0(\delta_{\mathrm{T}_2}r)+F_{4n}K_0(\delta_{\mathrm{T}_2}r)\,\right]+$$

$$\frac{w\alpha(1+\nu)}{K(3\lambda+2\mu)}\left[\,a_{0n}I_0(\lambda_n r)+a_{1n}K_0(\lambda_n r)\,\right]$$

$$(4.60)$$

同样采用参考文献[2]中的办法处理式(4.60)，最终得到

$$f_{\mathrm{P}_2}(r)=A_2 I_0(\delta_{\mathrm{P}_2}r)+B_2 K_0(\delta_{\mathrm{P}_2}r)+X_3 f_{\mathrm{T}_2}(r)+X_4 f_n(r) \qquad (4.61)$$

式中，A_2 和 B_2 为两个未知系数，$\delta_{\mathrm{P}_2}=\sqrt{\lambda_n^2+\dfrac{w}{K}\left(\dfrac{1}{M}+\dfrac{\alpha^2}{3\lambda+2\mu}\,\dfrac{1+\nu}{1-\nu}\right)}$

$$X_3=-\frac{w}{K}\left(\beta_{\mathrm{m}}-\frac{3\alpha\beta}{3\lambda+2\mu}+\frac{2\alpha\beta}{3\lambda+2\mu}\,\frac{1-2\nu}{1-\nu}\right)\Big/$$

$$\left\{\frac{w}{a}-\left[\frac{w}{K}\left(\frac{1}{M}+\frac{3\alpha^2}{3\lambda+2\mu}-\frac{2\alpha^2}{3\lambda+2\mu}\,\frac{1-2\nu}{1-\nu}\right)\right]\right\}$$

$$X_4=-\frac{w\alpha(1+\nu)}{K(3\lambda+2\mu)}\Big/\left[\frac{w}{K}\left(\frac{1}{M}+\frac{3\alpha^2}{3\lambda+2\mu}-\frac{2\alpha^2}{3\lambda+2\mu}\,\frac{(1-2\nu)}{1-\nu}\right)\right]$$

最终，$Z=Z_2(z)$ 部分的孔压表达式为

$$\widetilde{P}_{2n} = f_{P_2}(r) \cdot Z(z)$$

$$= \sum_{n=1}^{n} \cos(\lambda_n z) \cdot f_{P_{2n}}(r)$$

$$= \sum_{n=1}^{n} \cos(\lambda_n z) \{A_{3n} I_0(r\delta_{P_2}) + B_{3n} K_0(r\delta_{P_2}) + \quad (4.62)$$

$$X_3 [F_{3n} I_0(\delta_{T_2} r) + F_{4n} K_0(\delta_{T_2} r)] +$$

$$X_4 [a_{0n} I_0(\lambda_n r) + a_{1n} K_0(\lambda_n r)]\}$$

式中，A_{3n} 和 B_{3n} 为待求系数。类似的，可以得到 $Z = Z_1(z)$ 的孔压表达式为

$$\widetilde{P}_{2n} = \sum_{n=1}^{n} \sin(\lambda_n z) \{A_{4n} I_0(r\delta_{P_2}) + B_{4n} K_0(r\delta_{P_2}) +$$

$$X_3 [F_{5n} I_0(r\delta_{T_2}) + F_{6n} K_0(r\delta_{T_2})] + \quad (4.63)$$

$$X_4 [a_{2n} I_0(\lambda_n r) + a_{3n} K_0(\lambda_n r)]\}$$

最后求解位移场。根据几何方程(4.2)和本构方程(4.3)可以得到

$$\widetilde{\varepsilon}_{\theta\theta 2} = \frac{\widetilde{\sigma}_{\theta\theta 2} + \alpha\widetilde{P}_2 + \beta\widetilde{T}_2 - \lambda\widetilde{\varepsilon}_{v2}}{2\mu}$$

$$\widetilde{\varepsilon}_{zz2} = \frac{\widetilde{\sigma}_{zz2} + \alpha\widetilde{P}_2 + \beta\widetilde{T}_2 - \lambda\widetilde{\varepsilon}_{v2}}{2\mu} \quad (4.64)$$

$$\widetilde{\varepsilon}_{v2} = \frac{\frac{\partial}{\partial z}[(1+\nu)\nabla^2\phi] + 2\nabla^2\psi + 3\alpha\widetilde{P}_2 + 3\beta\widetilde{T}_2}{3\lambda + 2\mu}$$

根据前文中求得的 ϕ、ψ、$\widetilde{\sigma}_{\theta\theta 2}$、$\widetilde{\sigma}_{zz2}$、$\widetilde{P}_2$ 和 $\widetilde{T}_2$ 的表达式，可以求出位移的具体表达式，这里为了与前文形式保持一致，同样分为两部分。

当 $Z = Z_2(z)$ 时，

$$\widetilde{u}_{r2} = \sum_{n=1}^{n} \cos(\lambda_n z) \left\{ \frac{\lambda_n r}{2\mu} \left[\nu - \frac{\lambda(1+\nu)}{3\lambda + 2\mu} \right] \left[a_{0n} I_0(\lambda_n r) + \right. \right.$$

$$a_{1n} K_0(\lambda_n r) \right] - \frac{\lambda_n}{2\mu} \left[C_{3n} I_1(\lambda_n r) - C_{4n} K_1(\lambda_n r) + \right.$$

$$I_1(\lambda_n r) F_K(a, r) + K_1(\lambda_n r) F_1(a, r) \right] +$$

$$\frac{r}{2\mu} \left(1 - \frac{1+\nu}{1-\nu} \frac{\lambda}{3\lambda + 2\mu} - \frac{1-2\nu}{1-\nu} \right) \left[\beta f_{T_{2n}}(r) + \alpha f_{P_{2n}}(r) \right] \right\}$$

$$(4.65)$$

$$\widetilde{u}_{z2} = \sum_{n=1}^{n} \sin(\lambda_n z) \left\{ \frac{\lambda_n}{2\mu} \left[C_{3n} I_0(\lambda_n r) + C_{4n} K_0(\lambda_n r) + \right. \right.$$

$$I_0(\lambda_n r) F_K(a, r) - K_0(\lambda_n r) F_1(a, r) \right] -$$

$$\frac{1}{2\mu\lambda_n} \left[(\nu - 2) + \frac{\lambda(1+\nu)}{3\lambda + 2\mu} \right] \left[a_{0n} I_0(\lambda_n r) + a_{1n} K_0(\lambda_n r) \right] +$$

$$\frac{1}{2\mu\lambda_n} \left(1 - \frac{\lambda}{3\lambda + 2\mu} \frac{1+\nu}{1-\nu} - \frac{1-2\nu}{1-\nu} \right) \left[\beta f_{T_{2n}}(r) + \alpha f_{P_{2n}}(r) \right] \right\}$$

$$(4.66)$$

当 $Z = Z_1(z)$ 时,

$$\widetilde{u}_{r2} = \sum_{n=1}^{n} \sin(\lambda_n z) \left\{ \frac{\lambda_n r}{2\mu} \left[\nu - \frac{\lambda(1+\nu)}{3\lambda + 2\mu} \right] \left[a_{2n} I_0(\lambda_n r) + \right. \right.$$

$$a_{3n} K_0(\lambda_n r) \right] - \frac{\lambda_n}{2\mu} \left[C_{5n} I_1(\lambda_n r) - C_{6n} K_1(\lambda_n r) + \right.$$

$$I_1(\lambda_n r) F_K(a, r) + K_1(\lambda_n r) F_1(a, r) \right] +$$

$$\frac{r}{2\mu} \left(1 - \frac{1+\nu}{1-\nu} \frac{\lambda}{3\lambda + 2\mu} - \frac{1-2\nu}{1-\nu} \right) \left[\beta f_{T_{2n}}(r) + \alpha f_{P_{2n}}(r) \right] \right\}$$

$$(4.67)$$

$$\widetilde{u}_{z2} = \sum_{n=1}^{n} \cos(\lambda_n z) \left\{ -\frac{\lambda_n}{2\mu} \left[C_{5n} I_0(\lambda_n r) + C_{6n} K_0(\lambda_n r) + \right.\right.$$

$$I_0(\lambda_n r) F_K(a, r) - K_0(\lambda_n r) F_1(a, r) \right] +$$

$$\frac{1}{2\mu\lambda_n} \left[(\nu - 2) + \frac{\lambda(1+\nu)}{3\lambda + 2\mu} \right] \left[a_{2n} I_0(\lambda_n r) + a_{3n} K_0(\lambda_n r) \right] -$$

$$\frac{1}{2\mu\lambda_n} \left(1 - \frac{\lambda}{3\lambda + 2\mu} \frac{1+\nu}{1-\nu} - \frac{1-2\nu}{1-\nu} \right) \left[\beta f_{T_{2n}}(r) + \alpha f_{P_{2n}}(r) \right] \right\}$$

$$(4.68)$$

至此，有关 $\partial/\partial z \neq 0$ 部分的通解已经求解完毕，综合 $Z = Z_1(z)$ 和 $Z = Z_2(z)$ 两部分的解即可。在此基础之上，综合 $\partial/\partial z = 0$ 的解，可以得到 Laplace 域下径向成层结构热流固耦合问题的通解。这里使用 FT 方法进行反 Laplace 变换。定义如下参数：

$$\delta = \frac{2\chi}{5t}, \quad s(\vartheta) = \delta\vartheta(\cot\vartheta + i), \quad \theta = \frac{k\pi}{\chi} \qquad (4.69)$$

式中，$k = 1, \cdots, \chi - 1$ 且 χ 是 2~10 的自然数，表示计算精度，χ 越大精度越高。FT 的计算方程如下[3,4]：

$$f(x, y, z, t)$$

$$\approx \frac{\delta}{\chi} \left[\frac{1}{2}\widetilde{f}(w = \delta) e^{\delta t} + \sum_{k=1}^{\chi-1} Re\left(\left(1 + i\sigma\left(\frac{k\pi}{\chi}\right) \right) \widetilde{f}\left(w = s\left(\frac{k\pi}{\chi}\right) \right) e^{s\left(\frac{k\pi}{\chi}\right)t} \right) \right]$$

$$(4.70)$$

4.1.2　三维轴对称结构热流固耦合内壁温度载荷解析解

（1）有限边界解

几何模型见图 4.1，边界条件见式（4.1），首先对边界条件进行 Laplace 变换得到：

$$\begin{cases} r=r_0: \ \widetilde{T}=\widetilde{T}^*(s), \ \widetilde{\sigma}_{rr}=0, \ \widetilde{P}=0 \\[2mm] r=r_1: \ \widetilde{T}=0, \ \widetilde{\sigma}_{rr}=0, \ \widetilde{P}=0 \\[2mm] z=0: \ \widetilde{q}_z=0, \ \widetilde{u}_z=0, \ \widetilde{v}_z=0 \\[2mm] z=H: \ \widetilde{q}_z=0, \ \widetilde{u}_z=0, \ \widetilde{v}_z=0 \end{cases} \tag{4.71}$$

为了与通解保持一致，对边界条件 $\widetilde{T}=\widetilde{T}^*(s)$ 进行傅里叶展开

$$\widetilde{T}^* = \widetilde{T}_1^* + \sum_{n=1}^N \widetilde{T}_{2n}^* \cos(\lambda_n z) + \sum_{n=1}^N \widetilde{T}_{3n}^* \sin(\lambda_n z) \tag{4.72}$$

式中，$\widetilde{T}_1^*$ 对应通解中 $\partial/\partial z=0$ 的部分，$\widetilde{T}_{2n}^*$ 对应 $\partial/\partial z\neq0$ 中 $Z_2(z)$ 的部分，$\widetilde{T}_{3n}^*$ 对应 $\partial/\partial z\neq0$ 中 $Z_1(z)$ 的部分。

在理论解的计算中，采用偶延拓，故有 $\widetilde{T}_{3n}^*=0$，将通解代入边界条件中可以得到内壁载荷下的三维轴对称热流固耦合解析解。当 $\partial/\partial z=0$ 时，有

$$F_1 I_0(\delta_{T_1} r_0)+F_2 K_0(\delta_{T_1} r_0)=\widetilde{T}_1^*$$

$$F_1 I_0(\delta_{T_1} r_1)+F_2 K_0(\delta_{T_1} r_1)=0$$

$$\frac{A}{r_0^2}+2C-\frac{1-2\nu}{1-\nu}\frac{\beta}{r_0}\frac{1}{\delta_{T_1}}[F_1 I_1(\delta_{T_1} r_0)-F_2 K_1(\delta_{T_1} r_0)]-$$

$$\frac{1-2\nu}{1-\nu}\frac{\alpha}{r_0}\left\{\frac{1}{\delta_{P_1}}[A_1 I_1(\delta_{P_1} r_0)-B_1 K_1(\delta_{P_1} r_0)]+\right.$$

$$\left.\frac{X_1}{\delta_{T_1}}[F_1 I_1(\delta_{T_1} r_0)-F_2 K_1(\delta_{T_1} r_0)]+X_2\frac{Cr_0}{2}\right\}=0 \tag{4.73}$$

$$\frac{A}{r_1^2}+2C-\frac{1-2\nu}{1-\nu}\frac{\beta}{r_1}\frac{1}{\delta_{T_1}}[F_1 I_1(\delta_{T_1} r_1)-F_2 K_1(\delta_{T_1} r_1)]-$$

$$\frac{1-2\nu}{1-\nu}\frac{\alpha}{r_1}\left\{\frac{1}{\delta_{P_1}}[A_1 I_1(\delta_{P_1} r_1)-B_1 K_1(\delta_{P_1} r_1)]+\right.$$

$$\left.\frac{X_1}{\delta_{T_1}}[F_1 I_1(\delta_{T_1} r_1)-F_2 K_1(\delta_{T_1} r_1)]+X_2\frac{Cr_1}{2}\right\}=0$$

$$A_1 I_0(\delta_{P_1} r_0) + B_1 K_0(\delta_{P_1} r_0) + X_1 [F_1 I_0(\delta_{T_1} r_0) + F_2 K_0(\delta_{T_1} r_0)] + X_2 C = 0$$

$$A_1 I_0(\delta_{P_1} r_1) + B_1 K_0(\delta_{P_1} r_1) + X_1 [F_1 I_0(\delta_{T_1} r_1) + F_2 K_0(\delta_{T_1} r_1)] + X_2 C = 0$$

式中，F_1、F_2、A、C、A_1 和 B_1 均为待求系数，将 $[F_1, F_2, A, C, A_1, B_1]^{\mathrm{T}}$ 看作系数矩阵，式(4.73)可以写为如下的形式：

$$A [F_1, F_2, A, C, A_1, B_1]^{\mathrm{T}} = [\widetilde{T}_1^*, 0, 0, 0, 0, 0]^{\mathrm{T}} \qquad (4.74)$$

式中，A 是由已知数组成的矩阵，具体元素数值由式(4.73)决定。

当 $\partial/\partial z \neq 0$ 时，有

$$F_{3n} I_0(\delta_{T_2} r_0) + F_{4n} K_0(\delta_{T_2} r_0) = \widetilde{T}_{2n}^*$$

$$F_{3n} I_0(\delta_{T_2} r_1) + F_{4n} K_0(\delta_{T_2} r_1) = 0$$

$$(\nu-1)[a_{0n} I_0(\lambda_n r_0) + a_{1n} K_0(\lambda_n r_0)] -$$
$$\lambda_n [C_{3n} I_1'(\lambda_n r_0) + C_{4n} K_1'(\lambda_n r_0) + I_1'(\lambda_n r_0) F_{\mathrm{K}}(r_0/2, r_0) -$$
$$K_1'(\lambda_n r_0) F_1(r_0/2, r_0)] = 0$$

$$(\nu-1)[a_{0n} I_0(\lambda_n r_1) + a_{1n} K_0(\lambda_n r_1)] -$$
$$\lambda_n [C_{3n} I_1'(\lambda_n r_1) + C_{4n} K_1'(\lambda_n r_1) + I_1'(\lambda_n r_1) F_{\mathrm{K}}(r_0/2, r_1) -$$
$$K_1'(\lambda_n r_1) F_1(r_0/2, r_1)] = 0 \qquad (4.75)$$

$$A_{3n} I_0(r_0 \delta_{P_2}) + B_{3n} K_0(r_0 \delta_{P_2}) +$$
$$X_3 [F_{3n} I_0(\delta_{T_2} r_0) + F_{4n} K_0(\delta_{T_2} r_0)] +$$
$$X_4 [a_{0n} I_0(\lambda_n r_0) + a_{1n} K_0(\lambda_n r_0)] = 0$$

$$A_{3n} I_0(r_1 \delta_{P_2}) + B_{3n} K_0(r_1 \delta_{P_2}) +$$
$$X_3 [F_{3n} I_0(\delta_{T_2} r_1) + F_{4n} K_0(\delta_{T_2} r_1)] +$$
$$X_4 [a_{0n} I_0(\lambda_n r_1) + a_{1n} K_0(\lambda_n r_1)] = 0$$

式中，F_{3n}、F_{4n}、a_{0n}、a_{1n}、A_{3n} 和 B_{3n} 均为待求系数，将 $[F_{3n}, F_{4n}, a_{0n}, a_{1n}, A_{3n}, B_{3n}]^{\mathrm{T}}$ 看作系数矩阵，式(4.75)可以写为如下的形式：

$$B [F_{3n}, F_{4n}, a_{0n}, a_{1n}, A_{3n}, B_{3n}]^{\mathrm{T}}$$
$$= [\widetilde{T}_{2n}^*, 0, 0, 0, 0, 0]^{\mathrm{T}} \qquad (4.76)$$

式中，$\boldsymbol{B}$ 是由已知数组成的矩阵，具体元素数值由式(4.75)决定。

　　求解完两个系数矩阵，将其代入各个物理量解的表达式中，即可根据 r 和 z 的坐标得到径向成层结构任意位置各物理量在 Laplace 域下的具体数值，最后经过 Laplace 反演和量纲化完成求解。

（2）无穷远边界解

　　前文中我们讨论了三维轴对称结构有限边界的解，但这种解有时候并不适合在钻井工程中应用。在钻井工程中，径向成层结构往往被视作是无穷远的边界。图4.2 给出了无穷远边界的各向同性三维轴对称结构，其内半径为 r_0，深度为 H。在无穷远处，内壁载荷的影响可以忽略不计，其边界条件做出如下改变：

$$\begin{cases} r=r_0: \ \widetilde{T}=\widetilde{T}^*(s), \ \widetilde{\sigma}_{rr}=0, \ \widetilde{P}=0 \\[2mm] r\rightarrow\infty: \ \widetilde{T}=0, \ \widetilde{\sigma}_{rr}=0, \ \widetilde{P}=0 \\[2mm] z=0: \ \widetilde{q}_z=0, \ \widetilde{u}_z=0, \ \widetilde{v}_z=0 \\[2mm] z=H: \ \widetilde{q}_z=0, \ \widetilde{u}_z=0, \ \widetilde{v}_z=0 \end{cases} \qquad (4.77)$$

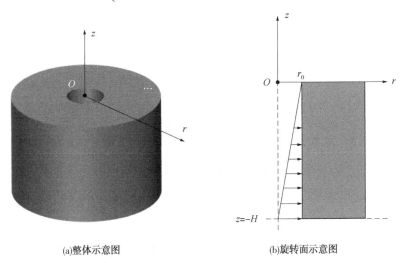

(a)整体示意图　　　　　　(b)旋转面示意图

图4.2　内部载荷作用下无穷远边界的三维轴对称结构

将4.1.1节通解代入边界条件(4.77)中，可以得到无穷远边界条件下的表达式。该处表达式与有限元解不同的只有无穷远处的边界对应部分，本节将对这部分的求解着重讨论。

当$\partial z=0$时，观察温度解的形式(4.14)，分析该函数与r的关系，易知当$r\rightarrow\infty$时，$I_0(\delta_{T_1}r)\rightarrow\infty$且$K_0(\delta_{T_1}r)\rightarrow 0$，为了使温度解$T=0$，必有$F_1=0$，因此在无穷远边界条件时，径向成层解可以简化为

$$\widetilde{T}_1=F_2K_0(\delta_{T_1}r) \tag{4.78}$$

由于应力解中包含孔压项，因此在讨论应力解之前，需要先观察孔压解的形式(4.26)。与温度解类似，当$r\rightarrow\infty$时，$I_0(\delta_{P_1}r)\rightarrow\infty$且$K_0(\delta_{P_1}r)\rightarrow 0$。为了满足$\widetilde{P}_1=0$，需要令$A_1=0$。此外观察到特解$\widetilde{P}_1^*$中包含温度影响的部分$X_1\widetilde{T}_1$和应力耦合部分$X_2C$，此时根据边界条件$\widetilde{T}_1=0$，温度影响的部分已经为$0$，因此为了满足$\widetilde{P}_1=0$，需要令$C=0$。最终无穷远边界条件下孔压解的表达式为

$$\widetilde{P}_1=B_1K_0(\delta_{P_1}r)+F_2K_0(\delta_{T_1}r) \tag{4.79}$$

最后考察应力解的形式(4.28)，发现当$F_1=0$、$A_1=0$和$C=0$时，应力解满足边界条件，因此应力解的表达式为

$$\begin{aligned}
\widetilde{\sigma}_{rr1}&=\frac{A}{r^2}+\frac{1-2\nu}{1-\nu}\frac{\beta}{r}\frac{1}{\delta_{T_1}}F_2K_1(\delta_{T_1}r)+\\
&\quad\frac{1-2\nu}{1-\nu}\frac{\alpha}{r}\left[\frac{B_1}{\delta_{P_1}}K_1(\delta_{P_1}r)+\frac{X_1}{\delta_{T_1}}F_2K_1(\delta_{T_1}r)\right]\\
\widetilde{\sigma}_{\theta\theta1}&=-\frac{A}{r^2}-\frac{1-2\nu}{1-\nu}\beta F_2K_0(\delta_{T_1}r)-\\
&\quad\frac{1-2\nu}{1-\nu}\alpha\left[B_1K_0(\delta_{P_1}r)+X_1F_2K_0(\delta_{T_1}r)\right]-\\
&\quad\frac{1-2\nu}{1-\nu}\frac{\beta}{r}\frac{1}{\delta_{T_1}}F_2K_1(\delta_{T_1}r)-\\
&\quad\frac{1-2\nu}{1-\nu}\frac{\alpha}{r}\left[\frac{B_1}{\delta_{P_1}}K_1(\delta_{P_1}r)+\frac{X_1}{\delta_{T_1}}F_2K_1(\delta_{T_1}r)\right]
\end{aligned} \tag{4.80}$$

相应的，位移解表达式如下：

$$\widetilde{u}_{r1} = -\frac{A}{2\mu r} - \frac{1-2\nu}{1-\nu}\frac{1}{2\mu}\frac{\beta}{\delta_{T_1}}F_2 K_1(\delta_{T_1}r) - \qquad (4.81)$$

$$\frac{1-2\nu}{1-\nu}\frac{\alpha}{2\mu}\left[\frac{B_1}{\delta_{P_2}}K_1(\delta_{P_2}r) + \frac{X_1}{\delta_{T_1}}F_2 K_1(\delta_{T_1}r)\right]$$

当 $\partial z \neq 0$ 时，温度场解 (4.37) 的形式并没有发生改变，同样令 $F_{3n} = 0$ 和 $F_{5n} = 0$，使得当 $r \to \infty$ 时 $\widetilde{T}_2 = 0$，因此无穷远边界条件下的温度场表达式为

$$\widetilde{T}_2 = \sum_{n=1}^{n}\cos(\lambda_n z)F_{4n}K_0(\delta_{T_2}r) + \qquad (4.82)$$

$$\sum_{n=1}^{n}\sin(\lambda_n z)F_{6n}K_0(\delta_{T_2}r)$$

接着根据渗流场的表达式 (4.62)，同 $\partial z = 0$ 的处理方法类似，令 A_{3n}、A_{4n}、a_{0n} 和 a_{2n} 为 0，可以满足 $\widetilde{P}_2 = 0$，最终得到无穷远边界条件下的孔压表达式为

$$\widetilde{P}_{2n} = \sum_{n=1}^{n}\cos(\lambda_n z)\left[B_{3n}K_0(r\delta_{P_2}) + X_3 F_{4n}K_0(\delta_{T_2}r) + \right. \qquad (4.83)$$

$$\left. X_4 a_{1n}K_0(\lambda_n r)\right] + \sum_{n=1}^{n}\sin(\lambda_n z)\left[B_{4n}K_0(r\delta_{P_2}) + \right.$$

$$\left. X_3 F_{6n}K_0(r\delta_{T_2}) + X_4 a_{3n}K_0(\lambda_n r)\right]$$

对于应力场解，与 $\partial z = 0$ 的部分不同的是，还存在 C_{3n}、C_{4n}、C_{5n} 和 C_{6n} 四个系数，同样采用类似的方法令 $C_{3n} = 0$ 和 $C_{5n} = 0$，可以使得 $\widetilde{\sigma}_{rr2} = 0$，无穷远边界条件下各个应力分量变化做出相应改变，同样分成 $Z_2(z)$ 和 $Z_1(z)$ 两部分，对于 $Z_2(z)$：

$$\widetilde{\sigma}_{rr2} = \sum_{n=1}^{n}\cos(\lambda_n z)\{\lambda_n(\nu-1)a_{1n}K_0(\lambda_n r) - \qquad (4.84)$$

$$\lambda_n[C_{4n}K_1'(\lambda_n r) + I_1'(\lambda_n r)F_K(a,r) - $$

$$K_1'(\lambda_n r)F_1(a,r)]\}$$

$$\widetilde{\sigma}_{\theta\theta2} = \sum_{n=1}^{n} \cos(\lambda_n z)\left\{ \nu\lambda_n a_{1n}K_0(\lambda_n r) + \frac{1}{r}C_{4n}\lambda_n K_1(\lambda_n r) - \right.$$

$$\frac{1}{r}\left[\lambda_n I_1(\lambda_n r)F_K(a, r) + \lambda_n K_1(\lambda_n r)F_1(a, r)\right] -$$

$$\frac{1-2\nu}{1-\nu}\left[\alpha X_4 a_{1n}K_0(\lambda_n r) + (\beta + \alpha X_3)F_{4n}K_0(\delta_{T_2}r) + \right.$$

$$\left.\left.\alpha B_{3n}K_0(\delta_{P_2}r)\right]\right\}$$

(4.85)

$$\widetilde{\sigma}_{zz2} = \sum_{n=1}^{n} \cos(\lambda_n z)\left\{ -(\nu - 2)a_{1n}K_0(\lambda_n r) + \right.$$

$$\lambda_n^2\left[C_{4n}K_0(\lambda_n r) + I_0(\lambda_n r)F_K(a, r) - \right.$$

$$K_0(\lambda_n r)F_1(a, r)\right] - \frac{1-2\nu}{1-\nu}\left[\alpha X_4 a_{1n}K_0(\lambda_n r) + \right.$$

$$\left.\left.(\beta + \alpha X_3)F_{4n}K_0(\delta_{T_2}r) + \alpha B_{3n}K_0(\delta_{P_2}r)\right]\right\}$$

(4.86)

$$\widetilde{\tau}_{rz2} = \sum_{n=1}^{n} \cos(\lambda_n z)\left\{ \lambda_n^2\left[K_1(\lambda_n r)F_1(a, r) + \right.\right.$$

$$I_1(\lambda_n r)F_K(a, r) - C_{4n}K_1(\lambda_n r)\right] +$$

$$(\nu - 1)a_{1n}K_1(\lambda_n r)\}$$

(4.87)

式中，$F_K(a, r)$ 和 $F_1(a, r)$ 中的函数 $\Phi_3(r)$ 包含的温度场系数 $F_{3n}=0$，渗流场系数 $A_{3n}=0$，应力场系数 $a_{0n}=0$ 和 $C_{3n}=0$，即对于 $Z_2(z)$ 部分

$$\Phi_3(r) = \frac{\left(1 - \frac{1-2\nu}{1-\nu}\alpha X_4\right)a_{1n}K_0(\lambda_n r) - \frac{1-2\nu}{1-\nu}\left[(\beta + \alpha X_3)F_{4n}K_0(\delta_{T_2}r) + \alpha B_{3n}K_0(\delta_{P_2}r)\right]}{\lambda_n\left[I_0(\lambda_n X_1)K_1(\lambda_n X_1) + I_1(\lambda_n X_1)K_0(\lambda_n X_1)\right]}$$

(4.88)

此时位移场的表达式为

$$
\begin{aligned}
\widetilde{u}_{r2} = \sum_{n=1}^{n} \cos(\lambda_n z) \Bigg\{ & \frac{r}{2\mu} \Bigg[\lambda_n \nu - \lambda_n \frac{\lambda(1+\nu)}{3\lambda+2\mu} + \\
& \left(1 - \frac{1+\nu}{1-\nu} \frac{\lambda}{3\lambda+2\mu} - \frac{1-2\nu}{1-\nu} \right) \alpha X_4 \Bigg] a_{1n} K_0(\lambda_n r) - \\
& \frac{\lambda_n}{2\mu} \big[I_1(\lambda_n r) F_K(a, r) + K_1(\lambda_n r) F_1(a, r) - C_{4n} K_1(\lambda_n r) \big] + \\
& \frac{r}{2\mu} \left(1 - \frac{1+\nu}{1-\nu} \frac{\lambda}{3\lambda+2\mu} - \frac{1-2\nu}{1-\nu} \right) \\
& \big[(\beta + \alpha X_3) F_{4n} K_0(\delta_{T_2} r) + \alpha B_{3n} K_0(\delta_{P_2} r) \big] \Bigg\}
\end{aligned}
$$

$$(4.89)$$

$$
\begin{aligned}
\widetilde{u}_{z2} = \sum_{n=1}^{n} \sin(\lambda_n z) \Bigg\{ & \frac{\lambda_n}{2\mu} \big[C_{4n} K_0(\lambda_n r) + I_0(\lambda_n r) F_K(a, r) - \\
& K_0(\lambda_n r) F_1(a, r) \big] - \frac{1}{2\mu\lambda_n} \Bigg[(\nu-2) + \frac{\lambda(1+\nu)}{3\lambda+2\mu} - \\
& \left(1 - \frac{\lambda}{3\lambda+2\mu} \frac{1+\nu}{1-\nu} - \frac{1-2\nu}{1-\nu} \right) \alpha X_4 \Bigg] a_{1n} K_0(\lambda_n r) + \\
& \frac{1}{2\mu\lambda_n} \left(1 - \frac{\lambda}{3\lambda+2\mu} \frac{1+\nu}{1-\nu} - \frac{1-2\nu}{1-\nu} \right) \\
& \big[(\beta + \alpha X_3) F_{4n} K_0(\delta_{T_2} r) + \alpha B_{3n} K_0(\delta_{P_2} r) \big] \Bigg\}
\end{aligned}
$$

$$(4.90)$$

对于 $Z_1(z)$ 部分，应力解表达式如下：

$$
\begin{aligned}
\widetilde{\sigma}_{rr2} = \sum_{n=1}^{n} \sin(\lambda_n z) \big\{ & \lambda_n (\nu-1) a_{3n} K_0(\lambda_n r) - \\
& \lambda_n \big[C_{6n} K'_1(\lambda_n r) + I'_1(\lambda_n r) F_K(a, r) - \\
& K'_1(\lambda_n r) F_1(a, r) \big] \big\}
\end{aligned}
$$

$$(4.91)$$

$$\widetilde{\sigma}_{\theta\theta 2} = \sum_{n=1}^{n} \sin(\lambda_n z) \left\{ \nu\lambda_n a_{3n} K_0(\lambda_n r) + \frac{1}{r} C_{6n} \lambda_n K_1(\lambda_n r) - \right.$$

$$\frac{1}{r} \left[\lambda_n I_1(\lambda_n r) F_K(a, r) + \lambda_n K_1(\lambda_n r) F_I(a, r) \right] -$$

$$\frac{1-2\nu}{1-\nu} \left[\alpha X_4 a_{3n} K_0(\lambda_n r) + (\beta + \alpha X_3) F_{6n} K_0(\delta_{T_2} r) + \right.$$

$$\left. \alpha B_{4n} K_0(\delta_{P_2} r) \right] \Big\} \tag{4.92}$$

$$\widetilde{\sigma}_{zz2} = \sum_{n=1}^{n} \sin(\lambda_n z) \left\{ -(\nu-2) a_{3n} K_0(\lambda_n r) + \right.$$

$$\lambda_n^2 \left[C_{6n} K_0(\lambda_n r) + I_0(\lambda_n r) F_K(a, r) - \right.$$

$$K_0(\lambda_n r) F_I(a, r) \Big] - \frac{1-2\nu}{1-\nu} \left[\alpha X_4 a_{3n} K_0(\lambda_n r) + \right.$$

$$\left. (\beta + \alpha X_3) F_{6n} K_0(\delta_{T_2} r) + \alpha B_{4n} K_0(\delta_{P_2} r) \right] \Big\} \tag{4.93}$$

$$\widetilde{\tau}_{rz2} = \sum_{n=1}^{n} \cos(\lambda_n z) \left\{ \lambda_n^2 \left[K_1(\lambda_n r) F_I(a, r) + \right. \right.$$

$$I_1(\lambda_n r) F_K(a, r) - C_{6n} K_1(\lambda_n r) \Big] +$$

$$(\nu-1) a_{3n} K_1(\lambda_n r) \Big\} \tag{4.94}$$

式中，$F_K(a, r)$ 和 $F_I(a, r)$ 中的函数 $\Phi_3(r)$ 所包含的系数 $F_{5n}=0$、$A_{4n}=0$ 和 $a_{2n}=0$，即

$$\Phi_3(r) = \frac{\left(1-\frac{1-2\nu}{1-\nu}\alpha X_4\right) a_{3n} K_0(\lambda_n r) - \frac{1-2\nu}{1-\nu} \left[(\beta+\alpha X_3) F_{6n} K_0(\delta_{T_2} r) + \alpha B_{4n} K_0(\delta_{P_2} r) \right]}{\lambda_n \left[I_0(\lambda_n X_1) K_1(\lambda_n X_1) + I_1(\lambda_n X_1) K_0(\lambda_n X_1) \right]}$$

$$\tag{4.95}$$

此时位移场的表达式为

$$\widetilde{u}_{r2} = \sum_{n=1}^{n} \sin(\lambda_n z) \left\{ \frac{r}{2\mu} \left[\lambda_n \nu - \lambda_n \frac{\lambda(1+\nu)}{3\lambda+2\mu} + \right. \right.$$

$$\left(1 - \frac{1+\nu}{1-\nu} \frac{\lambda}{3\lambda+2\mu} - \frac{1-2\nu}{1-\nu} \right) \alpha X_4 \right] a_{3n} K_0(\lambda_n r) -$$

$$\frac{\lambda_n}{2\mu} \left[I_1(\lambda_n r) F_K(a, r) + K_1(\lambda_n r) F_1(a, r) - \quad (4.96) \right.$$

$$\left. C_{6n} K_1(\lambda_n r) \right] + \frac{r}{2\mu} \left(1 - \frac{1+\nu}{1-\nu} \frac{\lambda}{3\lambda+2\mu} - \frac{1-2\nu}{1-\nu} \right)$$

$$\left. \left[(\beta + \alpha X_3) F_{6n} K_0(\delta_{T_2} r) + \alpha B_{4n} K_0(\delta_{P_2} r) \right] \right\}$$

$$\widetilde{u}_{z2} = \sum_{n=1}^{n} \cos(\lambda_n z) \left\{ \frac{\lambda_n}{2\mu} \left[C_{6n} K_0(\lambda_n r) + I_0(\lambda_n r) F_K(a, r) - \right. \right.$$

$$K_0(\lambda_n r) F_1(a, r) \right] - \frac{1}{2\mu\lambda_n} \left[(\nu - 2) + \frac{\lambda(1+\nu)}{3\lambda+2\mu} - \right.$$

$$\left. \left(1 - \frac{\lambda}{3\lambda+2\mu} \frac{1+\nu}{1-\nu} - \frac{1-2\nu}{1-\nu} \right) \alpha X_4 \right] a_{3n} K_0(\lambda_n r) +$$

$$\frac{1}{2\mu\lambda_n} \left(1 - \frac{\lambda}{3\lambda+2\mu} \frac{1+\nu}{1-\nu} - \frac{1-2\nu}{1-\nu} \right)$$

$$\left. \left[(\beta + \alpha X_3) F_{6n} K_0(\delta_{T_2} r) + \alpha B_{4n} K_0(\delta_{P_2} r) \right] \right\}$$

$$(4.97)$$

　　综合 $Z_1(z)$ 和 $Z_2(z)$ 两个部分的解即可得到 $\partial z \neq 0$ 的解。再综合 $\partial z = 0$ 和 $\partial z \neq 0$ 的解,无穷远边界条件下的径向成层结构的通解已经求解完毕。对于解析解的求解,从前文无穷远边界条件下通解的推导中可以发现,无穷远的边界条件下的系数矩阵中必然存在一些等于 0 的系数,将这些系数代入到式 (4.74) 和式 (4.76) 中可以加快矩阵的求解速率。求出剩余系数之后,再根据 r 和 z 的坐标得到径向成层结构在无穷远边界条件下任意位置各物理量在 Laplace 域下的具体数值,最后经过 Laplace 反演和量纲化完成求解。这里使用 FT 方法进行反 Laplace 变换。定义如下参数:

$$\delta = \frac{2\chi}{5t}, \quad s(\vartheta) = \delta\vartheta(\cot\vartheta + i), \quad \theta = \frac{k\pi}{\chi} \tag{4.98}$$

式中，$k = 1, \cdots, \chi-1$ 且 χ 是 2~10 的自然数，表示计算精度，χ 越大精度越高。FT 的计算方程如下：

$$
\begin{aligned}
&f(x, y, z, t) \\
&\approx \frac{\delta}{\chi}\left[\frac{1}{2}\breve{f}(w = \delta)e^{\delta t} + \sum_{k=1}^{\chi-1} Re\left(\left(1 + i\sigma\left(\frac{k\pi}{\chi}\right)\right)\breve{f}\left(w = s\left(\frac{k\pi}{\chi}\right)\right)e^{s\left(\frac{k\pi}{\chi}\right)t}\right)\right]
\end{aligned}
\tag{4.99}
$$

量纲回归如下：

$$
\begin{aligned}
\sigma_{ij} &= \hat{\sigma}_{ij}(C_{ij})_{\max} \\
C_{ij} &= \hat{C}_{ij}(C_{ij})_{\max} \\
x_i &= \hat{x}_i X_{\max} \\
P &= \hat{P}(C_{ij})_{\max} \\
K_{ii} &= \hat{K}_{ii}K_{\max} \\
T &= \frac{(C_{ij})_{\max}}{(\beta_i)_{\max}}\hat{T} \\
\beta_i &= \hat{\beta}_i(\beta_i)_{\max} \\
c_{\mathrm{T}} &= \frac{(k_{\mathrm{T}})_{\max}}{(C_{ij})_{\max}K_{\max}}\hat{c}_{\theta} \\
M &= \hat{M}(C_{ij})_{\max} \\
k_{\mathrm{T}} &= \hat{k}_{\mathrm{T}}(k_{\mathrm{T}})_{\max} \\
t &= \frac{\hat{t}X_{\max}^2}{(C_{ij})_{\max}K_{\max}} \\
\beta_{\mathrm{m}} &= \frac{\hat{\beta}_{\mathrm{m}}(\beta_i)_{\max}}{(C_{ij})_{\max}} \\
v_i &= \frac{(C_{ij})_{\max}K_{\max}\hat{v}_i}{X_{\max}}
\end{aligned}
\tag{4.100}
$$

基于多孔介质孔隙热弹性理论，引入了应力函数，将应力场与温度场和渗流场耦合起来，构建了径向成层结构的热流固耦合模型。接着使用 Laplace 变换处理方程中的非稳态项，引入分离变量法和 Fourier 展开将三维轴对称问题分离变量求解，得到了径向成层结构热流固耦合问题的通解。此外，本章中求解的通解可以简化为二维轴对称热流固耦合解，通过控制输入参数的方法，也可以将三维轴对称热流固耦合解简化为热固耦合解或流固耦合解。

4.2 套管-水泥环-地层解析解

在油气行业，套管是一种关键的设备，用于确保井筒的稳定性和安全性。套管在钻井过程中被安装在井筒内部，形成一个保护层，防止井筒坍塌、泥浆漏失以及地层流体不受控制地流动。此外，套管还提供了支撑井壁和控制井筒压力的重要功能。在钻井完成后，套管还可以作为固井的一部分，确保井筒周围的地层稳定，并允许后续的完井和生产操作顺利进行。在整个井作业过程中，井筒中的流体对套管-水泥环-地层系统施加温度和压力载荷，该系统可被视为三维轴对称系统。4.1.2 节中提出的理论解方案可以应用于套管-水泥环-地层系统的热流固耦合问题。

图 4.3 是一个在柱坐标系内的三层轴对称套管-水泥环-地层组合体模型。从套管内壁到对称轴的距离表示为 r_0，从套管外壁（水泥环内壁）到对称轴的距离表示为 r_1，从水泥环外壁到对称轴的距离表示为 r_2。由于地层无限延伸，故选取一个计算终止点，其到对称轴的距离为 r_3。顶部被认为在 $z = 0$ 处，整个模型的深度为 H，底部位于 $z = -H$。套管内壁受到由内部流体引起的温度载荷 T 和压力载荷 P 的作用。其中，套管由于其材质的特殊性，可以视为不透水边界。

套管内壁 $r = r_0$ 的边界条件如下：

$$T^{\text{cas}} = T^* , \quad \sigma_{rr}^{\text{cas}} = P^* , \quad \tau_{rz}^{\text{cas}} = 0 \tag{4.101}$$

式中，上标 cas 表示套管；T^* 为套管内壁的温度；P^* 为套管内壁的压力。

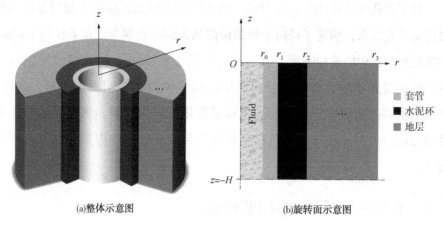

(a)整体示意图　　　　　　　　　(b)旋转面示意图

图 4.3　套管–水泥环–地层组合体

套管外壁即水泥环内壁 $r=r_1$ 的边界条件如下：

$$T^{\text{cas}}=T^{\text{cem}}, \quad q_r^{\text{cas}}=q_r^{\text{cem}}$$

$$\sigma_{rr}^{\text{cas}}=\sigma_{rr}^{\text{cem}}, \quad u_r^{\text{cas}}=u_r^{\text{cem}}, \quad \tau_{rz}^{\text{cas}}=\tau_{rz}^{\text{cem}}, \quad u_z^{\text{cas}}=u_z^{\text{cem}} \tag{4.102}$$

$$v_r^{\text{cem}}=0$$

式中，上标 cem 表示水泥环。

水泥环外壁 $r=r_2$ 的边界条件如下：

$$T^{\text{cem}}=T^{\text{for}}, \quad q_r^{\text{cem}}=q_r^{\text{for}}$$

$$\sigma_{rr}^{\text{cem}}=\sigma_{rr}^{\text{for}}, \quad u_r^{\text{cem}}=u_r^{\text{for}}, \quad \tau_{rz}^{\text{cem}}=\tau_{rz}^{\text{for}}, \quad u_z^{\text{cem}}=u_z^{\text{for}} \tag{4.103}$$

$$P^{\text{cem}}=P^{\text{for}}, \quad v_r^{\text{cem}}=v_r^{\text{for}}$$

式中，上标 for 表示地层。

在地层无穷远 $r\rightarrow\infty$ 处，载荷的影响不存在，其边界条件如下：

$$T^{\text{for}}=0, \quad \sigma_{rr}^{\text{for}}=0, \quad \tau_{rz}^{\text{for}}=0, \quad P^{\text{for}}=0 \tag{4.104}$$

顶部 $z=0$ 和底部 $z=-H$ 的边界条件如下：

$$q_z=0, \quad u_z=0, \quad v_z=0 \tag{4.105}$$

将第 3 章中得到的理论解代入边界条件，可以得到套管–水泥环–地层系统的解决方案。为了解决瞬态问题，边界条件也需要通过 Laplace 变换进行转换，公式见式(4.11)。然后，使用傅里叶展开来处理套管内壁上的载荷，用 $\widetilde{\varXi}^*$ 代指 Laplace 变换之后的边界载荷，展开形式如下：

$$\widetilde{\varXi}^* = \widetilde{\varXi}_1^* + \sum_{n=1}^N \widetilde{\varXi}_{2n}^* \cos(\lambda_n z) + \sum_{n=1}^N \widetilde{\varXi}_{3n}^* \sin(\lambda_n z) \tag{4.106}$$

与 4.1.1 节中处理边界温度载荷同理，采用偶延拓，保留 cos 项，即 $\widetilde{\varXi}_{3n}^* = 0$。

当 $\partial/\partial z = 0$，边界条件如下：

$r = r_0$：$\widetilde{T}^{cas} = \widetilde{T}_1^*$，$\widetilde{\sigma}_{rr}^{cas} = \widetilde{P}^*$，

$r = r_1$：$\widetilde{T}^{cas} = \widetilde{T}^{cem}$，$\widetilde{q}_r^{cas} = \widetilde{q}_r^{cem}$，$\widetilde{\sigma}_{rr}^{cas} = \widetilde{\sigma}_{rr}^{cem}$，$\widetilde{u}_r^{cas} = \widetilde{u}_r^{cem}$，$\widetilde{v}^{cem} = 0$

$r = r_2$：$\widetilde{T}^{cem} = \widetilde{T}^{for}$，$\widetilde{q}_r^{cem} = \widetilde{q}_r^{for}$，$\widetilde{\sigma}_{rr}^{cem} = \widetilde{\sigma}_{rr}^{for}$，$\widetilde{u}_r^{cem} = \widetilde{u}_r^{for}$，$\widetilde{P}^{cem} = \widetilde{P}^{for}$，$\widetilde{v}_r^{cem} = \widetilde{v}_r^{for}$

$r \to \infty$：$\widetilde{T}^{for} = 0$，$\widetilde{\sigma}_{rr}^{for} = 0$，$\widetilde{P}^{for} = 0$

$$\tag{4.107}$$

将 4.1.1(1) 节中的通解代入边界条件中，我们可以推导得到套管-水泥环-地层系统的热流固耦合方程。由于温度场不受应力场和渗流场的影响，温度场可以单独求解。首先根据温度场方程的解，求解温度场方程，将解代入边界条件中可以得到：

$$F_1^{cas} I_0(\delta_{T_1}^{cas} r_0) + F_2^{cas} K_0(\delta_{T_1}^{cas} r_0) = \widetilde{T}_1^* \tag{4.108}$$

$$F_1^{cas} I_0(\delta_{T_1}^{cas} r_1) + F_2^{cas} K_0(\delta_{T_1}^{cas} r_1) = F_1^{cem} I_0(\delta_{T_1}^{cem} r_1) + F_2^{cem} K_0(\delta_{T_1}^{cem} r_1) \tag{4.109}$$

$$-k_T^{cas} \delta_{T_1}^{cas} \left[F_1^{cas} I_1(\delta_{T_1}^{cas} r_1) - F_2^{cas} K_1(\delta_{T_1}^{cas} r_1) \right]$$

$$= -k_T^{cem} \delta_{T_1}^{cem} \left[F_1^{cem} I_1(\delta_{T_1}^{cem} r_1) - F_2^{cem} K_1(\delta_{T_1}^{cem} r_1) \right] \tag{4.110}$$

$$F_1^{cem} I_0(\delta_{T_1}^{cem} r_2) + F_2^{cem} K_0(\delta_{T_1}^{cem} r_2) = F_1^{for} I_0(\delta_{T_1}^{for} r_2) + F_2^{for} K_0(\delta_{T_1}^{for} r_2) \tag{4.111}$$

$$-k_{\mathrm{T}}^{\mathrm{cem}}\delta_{\mathrm{T}_1}^{\mathrm{cem}}\left[F_1^{\mathrm{cem}}I_1(\delta_{\mathrm{T}_1}^{\mathrm{cem}}r_2)-F_2^{\mathrm{cem}}K_1(\delta_{\mathrm{T}_1}^{\mathrm{cem}}r_2)\right]$$

$$\tag{4.112}$$

$$=-k_{\mathrm{T}}^{\mathrm{for}}\delta_{\mathrm{T}_1}^{\mathrm{for}}\left[F_1^{\mathrm{for}}I_1(\delta_{\mathrm{T}_1}^{\mathrm{for}}r_2)-F_2^{\mathrm{for}}K_1(\delta_{\mathrm{T}_1}^{\mathrm{for}}r_2)\right]$$

$$F_1^{\mathrm{for}}=0 \tag{4.113}$$

式中，$F_1^{\mathrm{for}}=0$ 是根据无穷远边界条件得到的方程。对于式（4.108）~ 式（4.113）这 6 个方程，直接求解过于困难，将 $[F_1^{\mathrm{cas}},\ F_2^{\mathrm{cas}},\ F_1^{\mathrm{cem}},\ F_2^{\mathrm{cem}},\ F_1^{\mathrm{for}},\ F_2^{\mathrm{for}}]^{\mathrm{T}}$ 视作待求解的系数矩阵，将上述方程写成矩阵的形式如下：

$$A\left[F_1^{\mathrm{cas}},\ F_2^{\mathrm{cas}},\ F_1^{\mathrm{cem}},\ F_2^{\mathrm{cem}},\ F_1^{\mathrm{for}},\ F_2^{\mathrm{for}}\right]^{\mathrm{T}}$$

$$=\left[T_1^*,\ 0,\ 0,\ 0,\ 0,\ 0\right]^{\mathrm{T}} \tag{4.114}$$

式中，A 是 6 阶方阵，具体形式由式(4.108)~式(4.113)决定。

在求得了温度场的系数矩阵 $[F_1^{\mathrm{cas}},\ F_2^{\mathrm{cas}},\ F_1^{\mathrm{cem}},\ F_2^{\mathrm{cem}},\ F_1^{\mathrm{for}},\ F_2^{\mathrm{for}}]^{\mathrm{T}}$ 之后，套管-水泥环-地层组合体任意位置的温度可以求得。接着根据应力场方程、孔压表达式和位移表达式得到应力-渗流场的耦合方程组：

$$\frac{A^{\mathrm{cas}}}{r_0^2}+2C^{\mathrm{cas}}-\frac{1-2\nu^{\mathrm{cas}}}{1-\nu^{\mathrm{cas}}}\frac{\beta^{\mathrm{cas}}}{r_0}\frac{1}{\delta_{\mathrm{T}_1}^{\mathrm{cas}}}\left[F_1^{\mathrm{cas}}I_1(\delta_{\mathrm{T}_1}^{\mathrm{cas}}r_0)-F_2^{\mathrm{cas}}K_1(\delta_{\mathrm{T}_1}^{\mathrm{cas}}r_0)\right]=\widetilde{P}_1^*$$

$$\tag{4.115}$$

$$\frac{A^{\mathrm{cas}}}{r_1^2}+2C^{\mathrm{cas}}-\frac{1-2\nu^{\mathrm{cas}}}{1-\nu^{\mathrm{cas}}}\frac{\beta^{\mathrm{cas}}}{r_1}\frac{1}{\delta_{\mathrm{T}_1}^{\mathrm{cas}}}\left[F_1^{\mathrm{cas}}I_1(\delta_{\mathrm{T}_1}^{\mathrm{cas}}r_1)-F_2^{\mathrm{cas}}K_1(\delta_{\mathrm{T}_1}^{\mathrm{cas}}r_1)\right]$$

$$=\frac{A^{\mathrm{cem}}}{r_1^2}+2C^{\mathrm{cem}}-\frac{1-2\nu^{\mathrm{cem}}}{1-\nu^{\mathrm{cem}}}\frac{\beta^{\mathrm{cem}}}{r_1}\frac{1}{\delta_{\mathrm{T}_1}^{\mathrm{cem}}}\left[F_1^{\mathrm{cem}}I_1(\delta_{\mathrm{T}_1}^{\mathrm{cem}}r_1)-F_2^{\mathrm{cem}}K_1(\delta_{\mathrm{T}_1}^{\mathrm{cem}}r_1)\right]-$$

$$\frac{1-2\nu^{\mathrm{cem}}}{1-\nu^{\mathrm{cem}}}\frac{\alpha^{\mathrm{cem}}}{r_1}\left\{\frac{A_1^{\mathrm{cem}}}{\delta_{\mathrm{P}_1}^{\mathrm{cem}}}I_1(\delta_{\mathrm{P}_1}^{\mathrm{cem}}r_1)-\frac{B_1^{\mathrm{cem}}}{\delta_{\mathrm{P}_1}^{\mathrm{cem}}}K_1(\delta_{\mathrm{P}_1}^{\mathrm{cem}}r_1)+\right.$$

$$\left.\frac{X_1^{\mathrm{cem}}}{\delta_{\mathrm{T}_1}^{\mathrm{cem}}}\left[F_1^{\mathrm{cem}}I_1(\delta_{\mathrm{T}_1}^{\mathrm{cem}}r_1)-F_2^{\mathrm{cem}}K_1(\delta_{\mathrm{T}_1}^{\mathrm{cem}}r_1)\right]+X_2^{\mathrm{cem}}\frac{C^{\mathrm{cem}}r_1}{2}\right\}$$

$$\tag{4.116}$$

$$-\frac{A^{\text{cas}}}{2\mu^{\text{cas}}r_1}+\frac{C^{\text{cas}}r_1}{\lambda^{\text{cas}}+\mu^{\text{cas}}}+\frac{1-2\nu^{\text{cas}}}{1-\nu^{\text{cas}}}\ \frac{1}{2\mu^{\text{cas}}}\ \frac{\beta^{\text{cas}}}{\delta_{\text{T}_1}^{\text{cas}}}\big[\,F_1^{\text{cas}}I_1(\delta_{\text{T}_1}^{\text{cas}}r_1)-F_2^{\text{cas}}K_1(\delta_{\text{T}_1}^{\text{cas}}r_1)\,\big]$$

$$=-\frac{A^{\text{cem}}}{2\mu^{\text{cem}}r_1}+\frac{C^{\text{cem}}r_1}{\lambda^{\text{cem}}+\mu^{\text{cem}}}+\frac{1-2\nu^{\text{cem}}}{1-\nu^{\text{cem}}}\ \frac{1}{2\mu^{\text{cem}}}\ \frac{\beta^{\text{cem}}}{\delta_{\text{T}_1}^{\text{cem}}}\big[\,F_1^{\text{cem}}I_1(\delta_{\text{T}_1}^{\text{cem}}r_1)-$$

$$F_2^{\text{cem}}K_1(\delta_{\text{T}_1}^{\text{cem}}r_1)\,\big]+\frac{1-2\nu^{\text{cem}}}{1-\nu^{\text{cem}}}\ \frac{\alpha^{\text{cem}}}{2\mu^{\text{cem}}}\bigg\{\frac{A_1^{\text{cem}}}{\delta_{\text{P}_1}^{\text{cem}}}I_1(\delta_{\text{P}_1}^{\text{cem}}r_1)-\frac{B_1^{\text{cem}}}{\delta_{\text{P}_1}^{\text{cem}}}K_1(\delta_{\text{P}_1}^{\text{cem}}r_1)+$$

$$\frac{X_1^{\text{cem}}}{\delta_{\text{T}_1}^{\text{cem}}}\big[\,F_1^{\text{cem}}I_1(\delta_{\text{T}_1}^{\text{cem}}r_1)-F_2^{\text{cem}}K_1(\delta_{\text{T}_1}^{\text{cem}}r_1)\,\big]+X_2^{\text{cem}}\ \frac{C^{\text{cem}}r_1}{2}\bigg\}$$

$$(4.117)$$

$$0=-K^{\text{cem}}\big\{A_1^{\text{cem}}\delta_{\text{P}_1}^{\text{cem}}I_1(\delta_{\text{P}_1}^{\text{cem}}r_1)-B_1^{\text{cem}}\delta_{\text{P}_1}^{\text{cem}}K_1(\delta_{\text{P}_1}^{\text{cem}}r_1)+$$
$$(4.118)$$
$$X_1^{\text{cem}}\delta_{\text{T}_1}^{\text{cem}}\big[\,F_1^{\text{cem}}I_1(\delta_{\text{T}_1}^{\text{cem}}r_1)-F_2^{\text{cem}}K_1(\delta_{\text{T}_1}^{\text{cem}}r_1)\,\big]\big\}$$

$$\frac{A^{\text{cem}}}{r_2^2}+2C^{\text{cem}}-\frac{1-2\nu^{\text{cem}}}{1-\nu^{\text{cem}}}\ \frac{\beta^{\text{cem}}}{r_2}\ \frac{1}{\delta_{\text{T}_1}^{\text{cem}}}\big[\,F_1^{\text{cem}}I_1(\delta_{\text{T}_1}^{\text{cem}}r_2)-F_2^{\text{cem}}K_1(\delta_{\text{T}_1}^{\text{cem}}r_2)\,\big]-$$

$$\frac{1-2\nu^{\text{cem}}}{1-\nu^{\text{cem}}}\ \frac{\alpha^{\text{cem}}}{r_2}\bigg\{\frac{A_1^{\text{cem}}}{\delta_{\text{P}_1}^{\text{cem}}}I_1(\delta_{\text{P}_1}^{\text{cem}}r_2)-\frac{B_1^{\text{cem}}}{\delta_{\text{P}_1}^{\text{cem}}}K_1(\delta_{\text{P}_1}^{\text{cem}}r_2)+$$

$$\frac{X_1^{\text{cem}}}{\delta_{\text{T}_1}^{\text{cem}}}\big[\,F_1^{\text{cem}}I_1(\delta_{\text{T}_1}^{\text{cem}}r_2)-F_2^{\text{cem}}K_1(\delta_{\text{T}_1}^{\text{cem}}r_2)\,\big]+X_2^{\text{cem}}\ \frac{C^{\text{cem}}r_2}{2}\bigg\}$$

$$=\frac{A^{\text{for}}}{r_2^2}+2C^{\text{for}}-\frac{1-2\nu^{\text{for}}}{1-\nu^{\text{for}}}\ \frac{\beta^{\text{for}}}{r_2}\ \frac{1}{\delta_{\text{T}_1}^{\text{for}}}\big[\,F_1^{\text{for}}I_1(\delta_{\text{T}_1}^{\text{for}}r_2)-F_2^{\text{for}}K_1(\delta_{\text{T}_1}^{\text{for}}r_2)\,\big]-$$

$$\frac{1-2\nu^{\text{for}}}{1-\nu^{\text{for}}}\ \frac{\alpha^{\text{for}}}{r_2}\bigg\{\frac{A_1^{\text{for}}}{\delta_{\text{P}_1}^{\text{for}}}I_1(\delta_{\text{P}_1}^{\text{for}}r_2)-\frac{B_1^{\text{for}}}{\delta_{\text{P}_1}^{\text{for}}}K_1(\delta_{\text{P}_1}^{\text{for}}r_2)+$$

$$\frac{X_1^{\text{for}}}{\delta_{\text{T}_1}^{\text{for}}}\big[\,F_1^{\text{for}}I_1(\delta_{\text{T}_1}^{\text{for}}r_2)-F_2^{\text{for}}K_1(\delta_{\text{T}_1}^{\text{for}}r_2)\,\big]+X_2^{\text{for}}\ \frac{C^{\text{for}}r_2}{2}\bigg\}$$

$$(4.119)$$

$$A_1^{cem}I_0(\delta_{P_1}^{cem}r_2)+B_1^{cem}K_0(\delta_{P_1}^{cem}r_2)+$$

$$X_1^{cem}\left[F_1^{cem}I_0(\delta_{T_1}^{cem}r_2)+F_2^{cem}K_0(\delta_{T_1}^{cem}r_2)\right]+X_2^{cem}C^{cem}$$

$$=A_1^{for}I_0(\delta_{P_1}^{for}r_2)+B_1^{for}K_0(\delta_{P_1}^{for}r_2)+$$

$$X_1^{for}\left[F_1^{for}I_0(\delta_{T_1}^{for}r_2)+F_2^{for}K_0(\delta_{T_1}^{for}r_2)\right]+X_2^{for}C^{for}$$

$$(4.120)$$

$$-K^{cem}\Big\{\delta_{P_1}^{cem}\left[A_1^{cem}I_1(\delta_{P_1}^{cem}r_2)-B_1^{cem}K_1(\delta_{P_1}^{cem}r_2)\right]+$$

$$X_1^{cem}\delta_{T_1}^{cem}\left[F_1^{cem}I_1(\delta_{T_1}^{cem}r_2)-F_2^{cem}K_1(\delta_{T_1}^{cem}r_2)\right]\Big\}$$

$$=-K^{for}\Big\{\delta_{P_1}^{for}\left[A_1^{for}I_1(\delta_{P_1}^{for}r_2)-B_1^{for}K_1(\delta_{P_1}^{for}r_2)\right]+$$

$$X_1^{for}\delta_{T_1}^{for}\left[F_1^{for}I_1(\delta_{T_1}^{for}r_2)-F_2^{for}K_1(\delta_{T_1}^{for}r_2)\right]\Big\}$$

$$(4.121)$$

$$-\frac{A^{cem}}{2\mu^{cem}r_2}+\frac{C^{cem}r_2}{\lambda^{cem}+\mu^{cem}}+\frac{1-2\nu^{cem}}{1-\nu^{cem}}\frac{1}{2\mu^{cem}}\frac{\beta^{cem}}{\delta_{T_1}^{cem}}\left[F_1^{cem}I_1(\delta_{T_1}^{cem}r_2)-\right.$$

$$F_2^{cem}K_1(\delta_{T_1}^{cem}r_2)\left]+\frac{1-2\nu^{cem}}{1-\nu^{cem}}\frac{\alpha^{cem}}{2\mu^{cem}}\left\{\frac{A_1^{cem}}{\delta_{P_1}^{cem}}I_1(\delta_{P_1}^{cem}r_2)-\right.$$

$$\frac{B_1^{cem}}{\delta_{P_1}^{cem}}K_1(\delta_{P_1}^{cem}r_2)+\frac{X_1^{cem}}{\delta_{T_1}^{cem}}\left[F_1^{cem}I_1(\delta_{T_1}^{cem}r_2)-\right.$$

$$F_2^{cem}K_1(\delta_{T_1}^{cem}r_2)\left]+X_2^{cem}\frac{C^{cem}r_2}{2}\right\}$$

$$=-\frac{A^{for}}{2\mu^{for}r_2}+\frac{C^{for}r_2}{\lambda^{for}+\mu^{for}}+\frac{1-2\nu^{for}}{1-\nu^{for}}\frac{1}{2\mu^{for}}\frac{\beta^{for}}{\delta_{T_1}^{for}}\left[F_1^{for}I_1(\delta_{T_1}^{for}r_2)-\right.$$

$$F_2^{for}K_1(\delta_{T_1}^{for}r_2)\left]+\frac{1-2\nu^{for}}{1-\nu^{for}}\frac{\alpha^{for}}{2\mu^{for}}\left\{\frac{A_1^{for}}{\delta_{P_1}^{for}}I_1(\delta_{P_1}^{for}r_2)-\right.$$

$$\frac{B_1^{for}}{\delta_{P_1}^{for}}K_1(\delta_{P_1}^{for}r_2)+\frac{X_1^{for}}{\delta_{T_1}^{for}}\big[\,F_1^{for}I_1(\delta_{T_1}^{for}r_2)-$$

$$F_2^{for}K_1(\delta_{T_1}^{for}r_2)\,\big]+X_2^{for}\frac{C^{for}r_2}{2}\bigg\} \tag{4.122}$$

$$C^{for}=0 \tag{4.123}$$

$$A_1^{for}=0 \tag{4.124}$$

采取同温度场的处理方式，将 $[\,A^{cas},\ C^{cas},\ A^{cem},\ C^{cem},\ A_1^{cem},\ B_1^{cem},\ A^{for},$ $C^{for},\ A_1^{for},\ B_1^{for}\,]^T$ 看作系数矩阵可以写成如下的形式：

$$\boldsymbol{B}\,[\,A^{cas},\ C^{cas},\ A^{cem},\ C^{cem},\ A_1^{cem},\ B_1^{cem},\ A^{for},\ C^{for},\ A_1^{for},\ B_1^{for}\,]^T$$

$$=[\,\widetilde{P}_1^*,\ 0,\ 0,\ 0,\ 0,\ 0,\ 0,\ 0,\ 0,\ 0\,]^T$$

式中，$\boldsymbol{B}$ 是 10 阶方阵，其具体形式根据式(4.115)~式(4.124)确定。

当 $\partial/\partial z\neq0$，边界条件如下：

$$\begin{cases} r=r_0: & \widetilde{T}^{cas}=\widetilde{T}_2^*,\ \widetilde{\sigma}_{rr}^{cas}=\widetilde{P}^*,\ \widetilde{\tau}_{rz}^{cas}=0 \\[1mm] r=r_1: & \widetilde{T}^{cas}=\widetilde{T}^{cem},\ \widetilde{q}_r^{cas}=\widetilde{q}_r^{cem},\ \widetilde{\sigma}_{rr}^{cas}=\widetilde{\sigma}_{rr}^{cem},\ \widetilde{u}_r^{cas}=\widetilde{u}_r^{cem} \\[1mm] r=r_1: & \widetilde{\tau}_{rz}^{cas}=\widetilde{\tau}_{rz}^{cem},\ \widetilde{u}_z^{cas}=\widetilde{u}_z^{cem},\ \widetilde{v}_r^{cem}=0 \\[1mm] r=r_2: & \widetilde{T}^{cem}=\widetilde{T}^{for},\ \widetilde{q}_r^{cem}=\widetilde{q}_r^{for},\ \widetilde{\sigma}_{rr}^{cem}=\widetilde{\sigma}_{rr}^{for},\ \widetilde{u}_r^{cem}=\widetilde{u}_r^{for} \\[1mm] r=r_2: & \widetilde{\tau}_{rz}^{cem}=\widetilde{\tau}_{rz}^{for},\ \widetilde{u}_z^{cem}=\widetilde{u}_z^{for},\ \widetilde{P}^{cem}=\widetilde{P}^{for},\ \widetilde{v}_r^{cem}=\widetilde{v}_r^{for} \\[1mm] r\to\infty: & \widetilde{T}^{for}=0,\ \widetilde{\sigma}_{rr}^{for}=0,\ \widetilde{\tau}_{rz}^{cas}=0,\ \widetilde{P}^{for}=0 \end{cases} \tag{4.125}$$

将第 4.1.1(2) 节中的通解代入边界条件中，我们可以推导得到套管-水泥环-地层系统的热流固耦合方程。通过解方程得到系统理论解中的未知量，具体公式如下。

同样将温度场单独求解。首先根据温度场方程的解求解温度场方程，将解代入边界条件中可以得到

$$F_{3n}^{cas}I_0(\delta_{T_2}^{cas}r_0)+F_{4n}^{cas}K_0(\delta_{T_2}^{cas}r_0)=\widetilde{T}_{2n}^* \tag{4.126}$$

$$F_{3n}^{cas}I_0(\delta_{T_2}^{cas}r_1)+F_{4n}^{cas}K_0(\delta_{T_2}^{cas}r_1)=F_{3n}^{cem}I_0(\delta_{T_2}^{cem}r_1)+F_{4n}^{cem}K_0(\delta_{T_2}^{cem}r_1) \tag{4.127}$$

$$-k_T^{cas}\delta_{T_2}^{cas}\left[F_{3n}^{cas}I_1(\delta_{T_2}^{cas}r_1)-F_{4n}^{cas}K_1(\delta_{T_2}^{cas}r_1)\right] \tag{4.128}$$

$$=-k_T^{cem}\delta_{T_2}^{cem}\left[F_{3n}^{cem}I_1(\delta_{T_2}^{cem}r_1)-F_{4n}^{cem}K_1(\delta_{T_2}^{cem}r_1)\right]$$

$$F_{3n}^{cem}I_0(\delta_{T_2}^{cem}r_2)+F_{4n}^{cem}K_0(\delta_{T_2}^{cem}r_2) \tag{4.129}$$

$$=F_{3n}^{for}I_0(\delta_{T_2}^{for}r_2)+F_{4n}^{for}K_0(\delta_{T_2}^{for}r_2)$$

$$-k_T^{cem}\delta_{T_2}^{cem}\left[F_{3n}^{cem}I_1(\delta_{T_2}^{cem}r_2)-F_{4n}^{cem}K_1(\delta_{T_2}^{cem}r_2)\right] \tag{4.130}$$

$$=-k_T^{for}\delta_{T_2}^{for}\left[F_{3n}^{for}I_1(\delta_{T_2}^{for}r_2)-F_{4n}^{for}K_1(\delta_{T_2}^{for}r_2)\right]$$

$$F_{3n}^{for}=0 \tag{4.131}$$

式中，$F_{3n}^{for}=0$ 是根据无穷远边界条件得到的方程。渗流场和应力场系数同理。

对于以上方程，直接求解过于困难，将$[F_{3n}^{cas}, F_{4n}^{cas}, F_{3n}^{cem}, F_{4n}^{cem}, F_{3n}^{for}, F_{4n}^{for}]^T$视作待求解的系数矩阵，将式(4.126)~式(4.131)写成矩阵的形式如下：

$$C[F_{3n}^{cas}, F_{4n}^{cas}, F_{3n}^{cem}, F_{4n}^{cem}, F_{3n}^{for}, F_{4n}^{for}]^T$$

$$=[\widetilde{T}_{2n}^*, 0, 0, 0, 0, 0]^T \tag{4.132}$$

式中，C 是6阶方阵，具体形式由式(4.126)~式(4.131)决定。

在求得了温度场的系数矩阵$[F_{3n}^{cas}, F_{4n}^{cas}, F_{3n}^{cem}, F_{4n}^{cem}, F_{3n}^{for}, F_{4n}^{for}]^T$之后，接着根据应力场方程、孔压表达式和位移表达式得到应力-渗流场的耦合方程组：

$$\widetilde{P}_{3n}^*=(\nu^{cas}-1)\left[a_{0n}^{cas}I_0(\lambda_n r_0)+a_{1n}^{cas}K_0(\lambda_n r_0)\right]-$$

$$\lambda_n\left[C_{3n}^{cas}I_1'(\lambda_n r_0)+C_{4n}^{cas}K_1'(\lambda_n r_0)+\right.$$

$$\left.I_1'(\lambda_n r_0)F_K^{cas}(r_0/2, r_0)-K_1'(\lambda_n r_0)F_I^{cas}(r_0/2, r_0)\right] \tag{4.133}$$

$$0=-(\nu^{cas}-1)\left[a_{0n}^{cas}I_1(\lambda_n r_0)-a_{1n}^{cas}K_1(\lambda_n r_0)\right]+$$

$$\lambda_n^2\left[C_{3n}^{cas}I_1(\lambda_n r_0)-C_{4n}^{cas}K_1(\lambda_n r_0)+\right.$$

$$\left.K_1(\lambda_n r_0)F_I^{cas}(r_0/2, r_0)+I_1(\lambda_n r_0)F_K^{cas}(r_0/2, r_0)\right] \tag{4.134}$$

$$(\nu^{\mathrm{cas}}-1)\left[a_{0n}^{\mathrm{cas}}I_0(\lambda_n r_1)+a_{1n}^{\mathrm{cas}}K_0(\lambda_n r_1)\right]-\lambda_n\left[C_{3n}^{\mathrm{cas}}I_1'(\lambda_n r_1)+\right.$$

$$\left.C_{4n}^{\mathrm{cas}}K_1'(\lambda_n r_1)+I_1'(\lambda_n r_1)F_{\mathrm{K}}^{\mathrm{cas}}(r_0/2,\ r_1)-K_1'(\lambda_n r_1)F_1^{\mathrm{cas}}(r_0/2,\ r_1)\right]$$

$$=(\nu^{\mathrm{cem}}-1)\left[a_{0n}^{\mathrm{cem}}I_0(\lambda_n r_1)+a_{1n}^{\mathrm{cem}}K_0(\lambda_n r_1)\right]-$$

$$\lambda_n\left[C_{3n}^{\mathrm{cem}}I_1'(\lambda_n r_1)+C_{4n}^{\mathrm{cem}}K_1'(\lambda_n r_1)+I_1'(\lambda_n r_1)F_{\mathrm{K}}^{\mathrm{cem}}(r_0/2,\ r_1)-\right.$$

$$\left.K_1'(\lambda_n r_1)F_1^{\mathrm{cem}}(r_0/2,\ r_1)\right]$$

$$(4.135)$$

$$-(\nu^{\mathrm{cas}}-1)\left[a_{0n}^{\mathrm{cas}}I_1(\lambda_n r_1)-a_{1n}^{\mathrm{cas}}K_1(\lambda_n r_1)\right]+\lambda_n^2\left[C_{3n}^{\mathrm{cas}}I_1(\lambda_n r_1)-\right.$$

$$\left.C_{4n}^{\mathrm{cas}}K_1(\lambda_n r_1)+K_1(\lambda_n r_1)F_1^{\mathrm{cas}}(r_0/2,\ r_1)+I_1(\lambda_n r_1)F_{\mathrm{K}}^{\mathrm{cas}}(r_0/2,\ r_1)\right]$$

$$=-(\nu^{\mathrm{cem}}-1)\left[a_{0n}^{\mathrm{cem}}I_1(\lambda_n r_1)-a_{1n}^{\mathrm{cem}}K_1(\lambda_n r_1)\right]+\lambda_n^2\left[C_{3n}^{\mathrm{cem}}I_1(\lambda_n r_1)-\right.$$

$$\left.C_{4n}^{\mathrm{cem}}K_1(\lambda_n r_1)+K_1(\lambda_n r_1)F_1^{\mathrm{cem}}(r_0/2,\ r_1)+I_1(\lambda_n r_1)F_{\mathrm{K}}^{\mathrm{cem}}(r_0/2,\ r_1)\right]$$

$$(4.136)$$

$$0=-K^{\mathrm{cem}}\left\{A_{3n}^{\mathrm{cem}}\delta_{\mathrm{P}_2}^{\mathrm{cem}}I_1(r_1\delta_{\mathrm{P}_2}^{\mathrm{cem}})-\delta_{\mathrm{P}_2}^{\mathrm{cem}}B_{3n}^{\mathrm{cem}}K_1(r_1\delta_{\mathrm{P}_2}^{\mathrm{cem}})+\right.$$

$$\delta_{\mathrm{T}_2}^{\mathrm{cem}}X_3^{\mathrm{cem}}\left[F_{3n}^{\mathrm{cem}}I_1(r_1\delta_{\mathrm{T}_2}^{\mathrm{cem}})-F_{4n}^{\mathrm{cem}}K_1(r_1\delta_{\mathrm{T}_2}^{\mathrm{cem}})\right]+$$

$$\left.\lambda_n X_4^{\mathrm{cem}}\left[a_{0n}^{\mathrm{cem}}I_1(\lambda_n r_1)-a_{1n}^{\mathrm{cem}}K_1(\lambda_n r_1)\right]\right\}$$

$$(4.137)$$

$$\frac{\lambda_n r_1}{2\mu^{\mathrm{cas}}}\left[\nu^{\mathrm{cas}}-\frac{\lambda^{\mathrm{cas}}(1+\nu^{\mathrm{cas}})}{3\lambda^{\mathrm{cas}}+2\mu^{\mathrm{cas}}}\right]\left[a_{0n}^{\mathrm{cas}}I_0(\lambda_n r_1)+a_{1n}^{\mathrm{cas}}K_0(\lambda_n r_1)\right]-$$

$$\frac{\lambda_n}{2\mu^{\mathrm{cas}}}\left[C_{3n}^{\mathrm{cas}}I_1(\lambda_n r_1)-C_{4n}^{\mathrm{cas}}K_1(\lambda_n r_1)+I_1(\lambda_n r_1)F_{\mathrm{K}}^{\mathrm{cas}}(r_0/2,\ r_1)+\right.$$

$$\left.K_1(\lambda_n r_1)F_1^{\mathrm{cas}}(r_0/2,\ r_1)\right]+$$

$$\frac{\beta^{\mathrm{cas}}r_1}{2\mu^{\mathrm{cas}}}\left(1-\frac{1+\nu^{\mathrm{cas}}}{1-\nu^{\mathrm{cas}}}\frac{\lambda^{\mathrm{cas}}}{3\lambda^{\mathrm{cas}}+2\mu^{\mathrm{cas}}}-\frac{1-2\nu^{\mathrm{cas}}}{1-\nu^{\mathrm{cas}}}\right)\left[F_{3n}^{\mathrm{cas}}I_0(\delta_{\mathrm{T}_2}^{\mathrm{cas}}r_1)+F_{4n}^{\mathrm{cas}}K_0(\delta_{\mathrm{T}_2}^{\mathrm{cas}}r_1)\right]$$

$$= \frac{\lambda_n r_1}{2\mu^{\mathrm{cem}}} \left[\nu^{\mathrm{cem}} - \frac{\lambda^{\mathrm{cem}}(1+\nu^{\mathrm{cem}})}{3\lambda^{\mathrm{cem}}+2\mu^{\mathrm{cem}}} \right] \left[a_{0n}^{\mathrm{cem}} I_0(\lambda_n r_1) + a_{1n}^{\mathrm{cem}} K_0(\lambda_n r_1) \right] -$$

$$\frac{\lambda_n}{2\mu^{\mathrm{cem}}} \left[C_{3n}^{\mathrm{cem}} I_1(\lambda_n r_1) - C_{4n}^{\mathrm{cem}} K_1(\lambda_n r_1) + I_1(\lambda_n r_1) F_K^{\mathrm{cem}}(r_0/2, \; r_1) + \right.$$

$$\left. K_1(\lambda_n r_1) F_I^{\mathrm{cem}}(r_0/2, \; r_1) \right] + \frac{r_1}{2\mu^{\mathrm{cem}}} \left(1 - \frac{1+\nu^{\mathrm{cem}}}{1-\nu^{\mathrm{cem}}} \frac{\lambda^{\mathrm{cem}}}{3\lambda^{\mathrm{cem}}+2\mu^{\mathrm{cem}}} - \frac{1-2\nu^{\mathrm{cem}}}{1-\nu^{\mathrm{cem}}} \right)$$

$$\left\{ (\beta^{\mathrm{cem}} + \alpha^{\mathrm{cem}} X_3^{\mathrm{cem}}) \left[F_{3n}^{\mathrm{cem}} I_0(\delta_{T_2}^{\mathrm{cem}} r_1) + F_{4n}^{\mathrm{cem}} K_0(\delta_{T_2}^{\mathrm{cem}} r_1) \right] + \right.$$

$$\alpha^{\mathrm{cem}} \left[A_{3n}^{\mathrm{cem}} I_0(r_1 \delta_{P_2}^{\mathrm{cem}}) + B_{3n}^{\mathrm{cem}} K_0(r_1 \delta_{P_2}^{\mathrm{cem}}) \right] +$$

$$\left. \alpha^{\mathrm{cem}} X_4^{\mathrm{cem}} \left[a_{0n}^{\mathrm{cem}} I_0(\lambda_n r_1) + a_{1n}^{\mathrm{cem}} K_0(\lambda_n r_1) \right] \right\}$$

$$(4.138)$$

$$\frac{\lambda_n}{2\mu^{\mathrm{cas}}} \left[C_{3n}^{\mathrm{cas}} I_0(\lambda_n r_1) + C_{4n}^{\mathrm{cas}} K_0(\lambda_n r_1) + I_0(\lambda_n r_1) F_K^{\mathrm{cas}}(r_0/2, \; r_1) - \right.$$

$$\left. K_0(\lambda_n r_1) F_I^{\mathrm{cas}}(r_0/2, \; r_1) \right] - \frac{1}{2\mu^{\mathrm{cas}}\lambda_n} \left[(\nu^{\mathrm{cas}}-2) + \frac{\lambda^{\mathrm{cas}}(1+\nu^{\mathrm{cas}})}{3\lambda^{\mathrm{cas}}+2\mu^{\mathrm{cas}}} \right]$$

$$\left[a_{0n}^{\mathrm{cas}} I_0(\lambda_n r_1) + a_{1n}^{\mathrm{cas}} K_0(\lambda_n r_1) \right] +$$

$$\frac{\beta^{\mathrm{cas}}}{2\mu^{\mathrm{cas}}\lambda_n} \left(1 - \frac{1+\nu^{\mathrm{cas}}}{1-\nu^{\mathrm{cas}}} \frac{\lambda^{\mathrm{cas}}}{3\lambda^{\mathrm{cas}}+2\mu^{\mathrm{cas}}} - \frac{1-2\nu^{\mathrm{cas}}}{1-\nu^{\mathrm{cas}}} \right)$$

$$\left[F_{3n}^{\mathrm{cas}} I_0(\delta_{T_2}^{\mathrm{cas}} r_1) + F_{4n}^{\mathrm{cas}} K_0(\delta_{T_2}^{\mathrm{cas}} r_1) \right]$$

$$= \frac{\lambda_n}{2\mu^{\mathrm{cem}}} \left[C_{3n}^{\mathrm{cem}} I_0(\lambda_n r_1) + C_{4n}^{\mathrm{cem}} K_0(\lambda_n r_1) + I_0(\lambda_n r_1) F_K^{\mathrm{cem}}(r_0/2, \; r_1) - \right.$$

$$\left. K_0(\lambda_n r_1) F_I^{\mathrm{cem}}(r_0/2, \; r_1) \right] - \frac{1}{2\mu^{\mathrm{cem}}\lambda_n} \left[(\nu^{\mathrm{cem}}-2) + \frac{\lambda^{\mathrm{cem}}(1+\nu^{\mathrm{cem}})}{3\lambda^{\mathrm{cem}}+2\mu^{\mathrm{cem}}} \right]$$

$$\left[a_{0n}^{\mathrm{cem}} I_0(\lambda_n r_1) + a_{1n}^{\mathrm{cem}} K_0(\lambda_n r_1) \right] +$$

$$\frac{1}{2\mu^{\mathrm{cem}}\lambda_n} \left(1 - \frac{1+\nu^{\mathrm{cem}}}{1-\nu^{\mathrm{cem}}} \frac{\lambda^{\mathrm{cem}}}{3\lambda^{\mathrm{cem}}+2\mu^{\mathrm{cem}}} - \frac{1-2\nu^{\mathrm{cem}}}{1-\nu^{\mathrm{cem}}} \right)$$

$$\{(\beta^{\text{cem}}+\alpha^{\text{cem}}X_3^{\text{cem}})[F_{3n}^{\text{cem}}I_0(\delta_{\text{T}_2}^{\text{cem}}r_1)+F_{4n}^{\text{cem}}K_0(\delta_{\text{T}_2}^{\text{cem}}r_1)]+$$

$$\alpha^{\text{cem}}[A_{3n}^{\text{cem}}I_0(r_1\delta_{\text{P}_2}^{\text{cem}})+B_{3n}^{\text{cem}}K_0(r_1\delta_{\text{P}_2}^{\text{cem}})]+$$

$$\alpha^{\text{cem}}X_4^{\text{cem}}[a_{0n}^{\text{cem}}I_0(\lambda_nr_1)+a_{1n}^{\text{cem}}K_0(\lambda_nr_1)]\}$$

$$(4.139)$$

$$(\nu^{\text{cem}}-1)[a_{0n}^{\text{cem}}I_0(\lambda_nr_2)+a_{1n}^{\text{cem}}K_0(\lambda_nr_2)]-$$

$$\lambda_n[C_{3n}^{\text{cem}}I_1'(\lambda_nr_2)+C_{4n}^{\text{cem}}K_1'(\lambda_nr_2)+$$

$$I_1'(\lambda_nr_2)F_{\text{K}}^{\text{cem}}(r_0/2,\ r_2)-K_1'(\lambda_nr_2)F_1^{\text{cem}}(r_0/2,\ r_2)]$$

$$=(\nu^{\text{for}}-1)[a_{0n}^{\text{for}}I_0(\lambda_nr_2)+a_{1n}^{\text{for}}K_0(\lambda_nr_2)]-\lambda_n[C_{3n}^{\text{for}}I_1'(\lambda_nr_2)+$$

$$C_{4n}^{\text{for}}K_1'(\lambda_nr_2)+I_1'(\lambda_nr_2)F_{\text{K}}^{\text{for}}(r_0/2,\ r_2)-$$

$$K_1'(\lambda_nr_2)F_1^{\text{for}}(r_0/2,\ r_2)]$$

$$(4.140)$$

$$-(\nu^{\text{cem}}-1)[a_{0n}^{\text{cem}}I_1(\lambda_nr_2)-a_{1n}^{\text{cem}}K_1(\lambda_nr_2)]+$$

$$\lambda_n^2[C_{3n}^{\text{cem}}I_1(\lambda_nr_2)-C_{4n}^{\text{cem}}K_1(\lambda_nr_2)+$$

$$K_1(\lambda_nr_2)F_1^{\text{cem}}(r_0/2,\ r_2)+$$

$$I_1(\lambda_nr_2)F_{\text{K}}^{\text{cem}}(r_0/2,\ r_2)]$$

$$=-(\nu^{\text{for}}-1)[a_{0n}^{\text{for}}I_1(\lambda_nr_2)-a_{1n}^{\text{for}}K_1(\lambda_nr_2)]+$$

$$\lambda_n^2[C_{3n}^{\text{for}}I_1(\lambda_nr_2)-C_{4n}^{\text{for}}K_1(\lambda_nr_2)+$$

$$K_1(\lambda_nr_2)F_1^{\text{for}}(r_0/2,\ r_2)+I_1(\lambda_nr_2)F_{\text{K}}^{\text{for}}(r_0/2,\ r_2)]$$

$$(4.141)$$

$$\frac{\lambda_nr_2}{2\mu^{\text{cem}}}\left[\nu^{\text{cem}}-\frac{\lambda^{\text{cem}}(1+\nu^{\text{cem}})}{3\lambda^{\text{cem}}+2\mu^{\text{cem}}}\right][a_{0n}^{\text{cem}}I_0(\lambda_nr_2)+a_{1n}^{\text{cem}}K_0(\lambda_nr_2)]-$$

$$\frac{\lambda_n}{2\mu^{\text{cem}}}[C_{3n}^{\text{cem}}I_1(\lambda_nr_2)-C_{4n}^{\text{cem}}K_1(\lambda_nr_2)+I_1(\lambda_nr_2)F_{\text{K}}^{\text{cem}}(r_0/2,\ r_2)+$$

$$K_1(\lambda_nr_2)F_1^{\text{cem}}(r_0/2,\ r_2)]+\frac{r_2}{2\mu^{\text{cem}}}\left(1-\frac{1+\nu^{\text{cem}}}{1-\nu^{\text{cem}}}\frac{\lambda^{\text{cem}}}{3\lambda^{\text{cem}}+2\mu^{\text{cem}}}-\frac{1-2\nu^{\text{cem}}}{1-\nu^{\text{cem}}}\right)$$

$$\{(\beta^{\text{cem}}+\alpha^{\text{cem}}X_3^{\text{cem}})[F_{3n}^{\text{cem}}I_0(\delta_{\text{T}_2}^{\text{cem}}r_2)+F_{4n}^{\text{cem}}K_0(\delta_{\text{T}_2}^{\text{cem}}r_2)]+$$

$$\alpha^{\mathrm{cem}}\left[A_{3n}^{\mathrm{cem}}I_0(r_2\delta_{\mathrm{P}_2}^{\mathrm{cem}})+B_{3n}^{\mathrm{cem}}K_0(r_2\delta_{\mathrm{P}_2}^{\mathrm{cem}})\right]+$$

$$\alpha^{\mathrm{cem}}X_4^{\mathrm{cem}}\left[a_{0n}^{\mathrm{cem}}I_0(\lambda_n r_2)+a_{1n}^{\mathrm{cem}}K_0(\lambda_n r_2)\right]\}$$

$$=\frac{\lambda_n r_2}{2\mu^{\mathrm{for}}}\left[\nu^{\mathrm{for}}-\frac{\lambda^{\mathrm{for}}(1+\nu^{\mathrm{for}})}{3\lambda^{\mathrm{for}}+2\mu^{\mathrm{for}}}\right]\left[a_{0n}^{\mathrm{for}}I_0(\lambda_n r_2)+a_{1n}^{\mathrm{for}}K_0(\lambda_n r_2)\right]-$$

$$\frac{\lambda_n}{2\mu^{\mathrm{for}}}\left[C_{3n}^{\mathrm{for}}I_1(\lambda_n r_2)-C_{4n}^{\mathrm{for}}K_1(\lambda_n r_2)+I_1(\lambda_n r_2)F_{\mathrm{K}}^{\mathrm{for}}(r_0/2,\ r_2)+\right.$$

$$K_1(\lambda_n r_2)F_1^{\mathrm{for}}(r_0/2,\ r_2)\Big]+\frac{r_2}{2\mu^{\mathrm{for}}}\left(1-\frac{1+\nu^{\mathrm{for}}}{1-\nu^{\mathrm{for}}}\frac{\lambda^{\mathrm{for}}}{3\lambda^{\mathrm{for}}+2\mu^{\mathrm{for}}}-\frac{1-2\nu^{\mathrm{for}}}{1-\nu^{\mathrm{for}}}\right)$$

$$\{(\beta^{\mathrm{for}}+\alpha^{\mathrm{for}}X_3^{\mathrm{for}})\left[F_{3n}^{\mathrm{for}}I_0(\delta_{\mathrm{T}_2}^{\mathrm{for}}r_2)+F_{4n}^{\mathrm{for}}K_0(\delta_{\mathrm{T}_2}^{\mathrm{for}}r_2)\right]+$$

$$\alpha^{\mathrm{for}}\left[A_{3n}^{\mathrm{for}}I_0(r_2\delta_{\mathrm{P}_2}^{\mathrm{for}})+B_{3n}^{\mathrm{for}}K_0(r_2\delta_{\mathrm{P}_2}^{\mathrm{for}})\right]+$$

$$\alpha^{\mathrm{for}}X_4^{\mathrm{for}}\left[a_{0n}^{\mathrm{for}}I_0(\lambda_n r_2)+a_{1n}^{\mathrm{for}}K_0(\lambda_n r_2)\right]\}$$

$$\tag{4.142}$$

$$\frac{\lambda_n}{2\mu^{\mathrm{cem}}}\left[C_{3n}^{\mathrm{cem}}I_0(\lambda_n r_2)+C_{4n}^{\mathrm{cem}}K_0(\lambda_n r_2)+I_0(\lambda_n r_2)F_{\mathrm{K}}^{\mathrm{cem}}(r_0/2,\ r_2)-\right.$$

$$K_0(\lambda_n r_2)F_1^{\mathrm{cem}}(r_0/2,\ r_2)\Big]-\frac{1}{2\mu^{\mathrm{cem}}\lambda_n}\left[(\nu^{\mathrm{cem}}-2)+\frac{\lambda^{\mathrm{cem}}(1+\nu^{\mathrm{cem}})}{3\lambda^{\mathrm{cem}}+2\mu^{\mathrm{cem}}}\right]$$

$$\left[a_{0n}^{\mathrm{cem}}I_0(\lambda_n r_2)+a_{1n}^{\mathrm{cem}}K_0(\lambda_n r_2)\right]+$$

$$\frac{1}{2\mu^{\mathrm{cem}}\lambda_n}\left(1-\frac{1+\nu^{\mathrm{cem}}}{1-\nu^{\mathrm{cem}}}\frac{\lambda^{\mathrm{cem}}}{3\lambda^{\mathrm{cem}}+2\mu^{\mathrm{cem}}}-\frac{1-2\nu^{\mathrm{cem}}}{1-\nu^{\mathrm{cem}}}\right)$$

$$\{(\beta^{\mathrm{cem}}+\alpha^{\mathrm{cem}}X_3^{\mathrm{cem}})\left[F_{3n}^{\mathrm{cem}}I_0(\delta_{\mathrm{T}_2}^{\mathrm{cem}}r_2)+F_{4n}^{\mathrm{cem}}K_0(\delta_{\mathrm{T}_2}^{\mathrm{cem}}r_2)\right]+$$

$$\alpha^{\mathrm{cem}}\left[A_{3n}^{\mathrm{cem}}I_0(\delta_{\mathrm{P}_2}^{\mathrm{cem}}r_2)+B_{3n}^{\mathrm{cem}}K_0(\delta_{\mathrm{P}_2}^{\mathrm{cem}}r_2)\right]+$$

$$\alpha^{\mathrm{cem}}X_4^{\mathrm{cem}}\left[a_{0n}^{\mathrm{cem}}I_0(\lambda_n r_2)+a_{1n}^{\mathrm{cem}}K_0(\lambda_n r_2)\right]\}$$

$$=\frac{\lambda_n}{2\mu^{\mathrm{for}}}\left[C_{3n}^{\mathrm{for}}I_0(\lambda_n r_2)+C_{4n}^{\mathrm{for}}K_0(\lambda_n r_2)+\right.$$

$$I_0(\lambda_n r_2)F_{\mathrm{K}}^{\mathrm{for}}(r_0/2,\ r_2)-K_0(\lambda_n r_2)F_1^{\mathrm{for}}(r_0/2,\ r_2)\Big]-$$

$$\frac{1}{2\mu^{\mathrm{for}}\lambda_n}\left[(\nu^{\mathrm{for}}-2)+\frac{\lambda^{\mathrm{for}}(1+\nu^{\mathrm{for}})}{3\lambda^{\mathrm{for}}+2\mu^{\mathrm{for}}}\right]\left[a_{0n}^{\mathrm{for}}I_0(\lambda_n r_2)+a_{1n}^{\mathrm{for}}K_0(\lambda_n r_2)\right]+$$

$$\frac{1}{2\mu^{\mathrm{for}}\lambda_n}\left(1-\frac{1+\nu^{\mathrm{for}}}{1-\nu^{\mathrm{for}}}\frac{\lambda^{\mathrm{for}}}{3\lambda^{\mathrm{for}}+2\mu^{\mathrm{for}}}-\frac{1-2\nu^{\mathrm{for}}}{1-\nu^{\mathrm{for}}}\right)$$

$$\{(\beta^{\mathrm{for}}+\alpha^{\mathrm{for}}X_3^{\mathrm{for}})\left[F_{3n}^{\mathrm{for}}I_0(\delta_{\mathrm{T}_2}^{\mathrm{for}}r_2)+F_{4n}^{\mathrm{for}}K_0(\delta_{\mathrm{T}_2}^{\mathrm{for}}r_2)\right]+$$

$$\alpha^{\mathrm{for}}\left[A_{3n}^{\mathrm{for}}I_0(\delta_{\mathrm{P}_2}^{\mathrm{for}}r_2)+B_{3n}^{\mathrm{for}}K_0(\delta_{\mathrm{P}_2}^{\mathrm{for}}r_2)\right]+$$

$$\alpha^{\mathrm{for}}X_4^{\mathrm{for}}\left[a_{0n}^{\mathrm{for}}I_0(\lambda_n r_2)+a_{1n}^{\mathrm{for}}K_0(\lambda_n r_2)\right]\}$$

$$(4.143)$$

$$A_{3n}^{\mathrm{cem}}I_0(r_2\delta_{\mathrm{P}_2}^{\mathrm{cem}})+B_{3n}^{\mathrm{cem}}K_0(r_2\delta_{\mathrm{P}_2}^{\mathrm{cem}})+$$

$$X_3^{\mathrm{cem}}\left[F_{3n}^{\mathrm{cem}}I_0(\delta_{\mathrm{T}_2}^{\mathrm{cem}}r_2)+F_{4n}^{\mathrm{cem}}K_0(\delta_{\mathrm{T}_2}^{\mathrm{cem}}r_2)\right]+$$

$$X_4^{\mathrm{cem}}\left[a_{0n}^{\mathrm{cem}}I_0(\lambda_n r_2)+a_{1n}^{\mathrm{cem}}K_0(\lambda_n r_2)\right]$$

$$=A_{3n}^{\mathrm{for}}I_0(r_2\delta_{\mathrm{P}_2}^{\mathrm{for}})+B_{3n}^{\mathrm{for}}K_0(r_2\delta_{\mathrm{P}_2}^{\mathrm{for}})+$$

$$X_3^{\mathrm{for}}\left[F_{3n}^{\mathrm{for}}I_0(\delta_{\mathrm{T}_2}^{\mathrm{for}}r_2)+F_{4n}^{\mathrm{for}}K_0(\delta_{\mathrm{T}_2}^{\mathrm{for}}r_2)\right]+$$

$$X_4^{\mathrm{for}}\left[a_{0n}^{\mathrm{for}}I_0(\lambda_n r_2)+a_{1n}^{\mathrm{for}}K_0(\lambda_n r_2)\right]$$

$$(4.144)$$

$$-K^{\mathrm{cem}}\{A_{3n}^{\mathrm{cem}}\delta_{\mathrm{P}_2}^{\mathrm{cem}}I_1(r_2\delta_{\mathrm{P}_2}^{\mathrm{cem}})-\delta_{\mathrm{P}_2}^{\mathrm{cem}}B_{3n}^{\mathrm{cem}}K_1(r_2\delta_{\mathrm{P}_2}^{\mathrm{cem}})+$$

$$\delta_{\mathrm{T}_2}^{\mathrm{cem}}X_3^{\mathrm{cem}}\left[F_{3n}^{\mathrm{cem}}I_1(r_2\delta_{\mathrm{T}_2}^{\mathrm{cem}})-F_{4n}^{\mathrm{cem}}K_1(r_2\delta_{\mathrm{T}_2}^{\mathrm{cem}})\right]+$$

$$\lambda_n X_4^{\mathrm{cem}}\left[a_{0n}^{\mathrm{cem}}I_1(\lambda_n r_2)-a_{1n}^{\mathrm{cem}}K_1(\lambda_n r_2)\right]\}$$

$$=-K^{\mathrm{for}}\{A_{3n}^{\mathrm{for}}\delta_{\mathrm{P}_2}^{\mathrm{for}}I_1(r_2\delta_{\mathrm{P}_2}^{\mathrm{for}})-\delta_{\mathrm{P}_2}^{\mathrm{for}}B_{3n}^{\mathrm{for}}K_1(r_2\delta_{\mathrm{P}_2}^{\mathrm{for}})+$$

$$\delta_{\mathrm{T}_2}^{\mathrm{for}}X_3^{\mathrm{for}}\left[F_{3n}^{\mathrm{for}}I_1(r_2\delta_{\mathrm{T}_2}^{\mathrm{for}})-F_{4n}^{\mathrm{for}}K_1(r_2\delta_{\mathrm{T}_2}^{\mathrm{for}})\right]+$$

$$\lambda_n X_4^{\mathrm{for}}\left[a_{0n}^{\mathrm{for}}I_1(\lambda_n r_2)-a_{1n}^{\mathrm{for}}K_1(\lambda_n r_2)\right]\}$$

$$(4.145)$$

$$C_{3n}^{\mathrm{for}}=0 \qquad (4.146)$$

$$A_{3n}^{\text{for}} = 0 \qquad (4.147)$$

$$a_{0n}^{\text{for}} = 0 \qquad (4.148)$$

将 $\left[a_{0n}^{\text{cas}}, \; a_{1n}^{\text{cas}}, \; C_{3n}^{\text{cas}}, \; C_{4n}^{\text{cas}}, \; a_{0n}^{\text{cem}}, \; a_{1n}^{\text{cem}}, \; C_{3n}^{\text{cem}}, \; C_{4n}^{\text{cem}}, \; A_{3n}^{\text{cem}}, \; B_{3n}^{\text{cem}}, \; a_{0n}^{\text{for}}, \; a_{1n}^{\text{for}}, \right.$ $\left. C_{3n}^{\text{for}}, \; C_{4n}^{\text{for}}, \; A_{3n}^{\text{for}}, \; B_{3n}^{\text{for}} \right]^{\text{T}}$ 看作系数矩阵，可以写成如下形式：

$$\boldsymbol{D} \big[a_{0n}^{\text{cas}}, \; a_{1n}^{\text{cas}}, \; C_{3n}^{\text{cas}}, \; C_{4n}^{\text{cas}}, \; a_{0n}^{\text{cem}}, \; a_{1n}^{\text{cem}}, \; C_{3n}^{\text{cem}}, \; C_{4n}^{\text{cem}},$$

$$A_{3n}^{\text{cem}}, \; B_{3n}^{\text{cem}}, \; a_{0n}^{\text{for}}, \; a_{1n}^{\text{for}}, \; C_{3n}^{\text{for}}, \; C_{4n}^{\text{for}}, \; A_{3n}^{\text{for}}, \; B_{3n}^{\text{for}} \big]^{\text{T}}$$

$$= \big[\widetilde{P}_{2n}^{*}, \; 0, \; 0, \; 0, \; 0, \; 0, \; 0, \; 0, \; 0, \; 0, \; 0, \; 0, \; 0, \; 0, \; 0, \; 0 \big]^{\text{T}}$$

$$(4.149)$$

式中，$\boldsymbol{D}$ 是 16 阶方阵，其具体形式根据式(4.133)~式(4.148)确定。

最后，通过结合两部分，我们可以确定任何位置的任意物理量在 Laplace 域下的值，之后通过 Laplace 反演得到真实物理域下的值。

4.3 本章小结

本章基于多孔介质孔隙热弹性理论，引入了应力函数，将应力场与温度场和渗流场耦合起来，构建了径向成层结构的热流固耦合模型。接着使用 Laplace 变换处理方程中的非稳态项，引入分离变量法和 Fourier 展开将三维轴对称问题分离变量求解，得到了径向成层结构热流固耦合问题的通解。此外，本章中求解的通解可以简化为二维轴对称热流固耦合解，通过控制输入参数的方法，也可以将三维轴对称热流固耦合解简化为热固耦合解或流固耦合解。之后，根据三维轴对称结构热流固耦合通解，拓展出了套管-水泥环-地层组合体的热流固耦合解析解。

参 考 文 献

[1] STEHFEST H. Remark on algorithm 368：Numerical inversion of Laplace transforms [J]. Communications of the ACM, 1970, 13(10).

[2] NIU Z H, SHEN J Y, WANG L L, et al. Thermo-poroelastic modelling of cement sheath：

pore pressure response, thermal effect and thermo-osmotic effect[J]. European Journal of Environmental and Civil Engineering, 2019, 26(2): 657-682.

[3] STEHFEST H. Algorithm 368: Numerical inversion of Laplace transforms[J]. Communications of the ACM, 1970, 13(1): 47-49.

[4] AI Z Y, YE Z, ZHAO Z, et al. Time-dependent behavior of axisymmetric thermal consolidation for multilayered transversely isotropic poroelastic material [J]. Applied Mathematical Modelling, 2018, 61: 216-236.

[5] 孙辉. 流固-热流固耦合理论研究及其在疏松砂岩油藏防砂中的应用[D]. 北京: 中国石油大学, 2008.

[6] 董平川, 徐小荷, 何顺利. 流固耦合问题及研究进展[J]. 地质力学学报, 1999, (01): 19-28.

[7] 张景富, 张德兵, 张强, 等. 水泥环弹性参数对套管-水泥环-地层固结体结构完整性的影响[J]. 石油钻采工艺, 2013, 35(05): 43-46.

第5章 多孔介质热流固耦合问题计算实例

除了理论求解外，数值模拟方法同样也是求解层状多孔介质热流固耦合问题的常用方法，如有限元法、有限体积法、边界元法等。本章将给出水平成层和轴对称成层多孔介质热流固耦合问题的计算实例。

5.1 热流固耦合数值模拟方法

使用 COMSOL Multiphysics 软件构建有限元算例。使用固体力学、达西定律和固体传热三个模块建立有限元模型，分别对应理论解的应力-位移场、渗流场和温度场。如图 5.1 所示，对于热固耦合，采用固体力学中的热膨胀功能实现；对于流固耦合，采用热流固中的多孔弹性功能实现；对于热流耦合，采用达西定律中的质量源功能实现。通过这样的方式，可以实现有限元热流固耦合模型，为之后理论解的验证做准备。

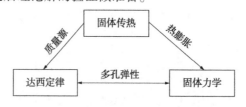

图 5.1 温度场-渗流场-应力场耦合模型

5.2 地基实例

根据第 4 章得到的理论解，开展地基实例，旨在验证理论解的正确性，并在验证之后提出一种三层地基实例的工程应用。

5.2.1 单层地基流固耦合

如图 5.2 所示，存在一个 $L_x \times L_y \times H$ 的饱和各向同性水平成层结构，$L_x = L_y = 10H$，$H = 10\mathrm{m}$，具体的无量纲参数见表 5.1。其内部存在一个点流源 $Q_1^* = 0.3$（$\mathrm{m^3/s}$），作用点位于 $(x^*, y^*, z^*) = (0.5L_x, 0.5L_y, 0.5H)$，无量纲位置位于 $(\hat{x}, \hat{y}, \hat{z}) = (0.5, 0.5, 0.05)$。其四边简支，底部固定且不可穿透，顶部

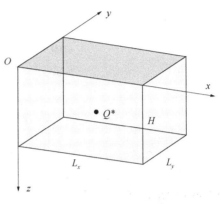

图 5.2 内部点源作用下单层各向同性结构示意图

自由，边界条件符合 2.3 节的通解，可以直接展开计算。同样采用 COMSOL 软件开展对比计算，将第 3 章中提到的有限元模型中的温度场删除，同时关闭质量源和热膨胀，即可实现多孔介质的流固耦合。

表 5.1 各向同性多孔介质无量纲参数

无量纲材料参数	值
$\hat{C}_{11} = \hat{C}_{22} = \hat{C}_{33}$	1.00
$\hat{C}_{12} = \hat{C}_{13} = \hat{C}_{23}$	0.26
$\hat{C}_{44} = \hat{C}_{55} = \hat{C}_{66}$	0.35
$\alpha_1 = \alpha_2 - \alpha_3$	0.681
$\hat{M}$	0.568
$\hat{K}_{11} = \hat{K}_{22} = \hat{K}_{33}$	5

在理论解计算中，使用傅里叶级数来处理点源。因此，点源作用下的多孔介质流固耦合响应的物理量受傅里叶求和中求和上限的影响极大。使用

m_{max} 和 n_{max} 命名求和上限。图5.3展示了 $\hat{t}=1$ ($t=841s$) 时刻下 $(\hat{x},\ \hat{y},\ \hat{z})=(0.5,\ 0.5,\ 0)$ 处的 $\hat{u}_z$ 和 m_{max}、n_{max}、χ 之间的关系，当 $m_{max}=n_{max}=50$ 且 $\chi=6$ 时，$(\hat{x},\ \hat{y},\ \hat{z})=(0.5,\ 0.5,\ 0)$ 处的位移 $\hat{u}_z$ 在此时达到峰值，继续增加 m_{max}、n_{max}、χ 之后，$\hat{u}_z$ 依然不变。因此，在以下计算中，m_{max} 和 n_{max} 被设置为50并且 χ 被设置为6。

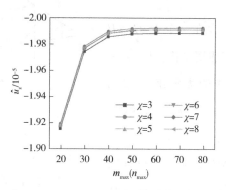

图5.3　$\hat{t}=1$ ($t=841s$) 时刻下 $(\hat{x},\ \hat{y},\ \hat{z})=(0.5,\ 0.5,\ 0)$

处的 $\hat{u}_z$ 和 m_{max}、n_{max}、χ 之间的关系

尽管此时计算结果已经趋于一致，但由于点源附近的奇异性，需要再次考察 m_{max} 和 n_{max} 的取值是否合适。图5.4显示了 $\hat{t}=1$ ($t=841s$) 时刻下 $(\hat{x},\ \hat{y})=(0.5,\ 0.5)$ 孔压 P 和 m_{max}、n_{max} 之间的关系。可以发现 m_{max}、n_{max} 越大，理论解求得的点源处的孔隙压力越大。然而，计算的远离点源的点孔隙压力不受影响，因此，可以判断 m_{max} 和 n_{max} 取50是比较合适的。

建立了18462个四面体单元的有限元模型，其中最小单元长度为0.126m，最大单元长度为10m。值得一提的是，有限元结果与网格质量密切相关。与有限元法相比，该方法只需要目标计算点的坐标即可获得结果。表5.2中说明了顶面上 $(\hat{x},\ \hat{y},\ \hat{z})=(0.5,\ 0.5,\ 0)$ 的位移 $\hat{u}_z$ 变化。可以看出，通过所提出的方法获得的位移与通过有限元获得的位移一致，仅在短时间内存在约为3%的计算误差，当时间增加计算误差减小。同时，无量纲时间为0.1的时候已经到达稳定状态。图5.5显示了不同时刻下 $(\hat{x},\ \hat{z})=(0.5,\ 0)$ 的 $\hat{u}_z$，通过

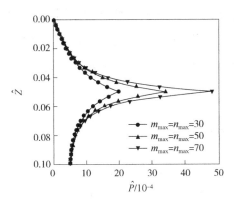

图 5.4　$\hat{t}=1(t=841\mathrm{s})$ 时刻下 $(\hat{x},\ \hat{y})=(0.5,\ 0.5)$

孔压 P 和 $m_{\max}$、$n_{\max}$ 之间的关系

该图可以明显地观察到 $(\hat{x},\ \hat{z})=(0.5,\ 0)$ 的 $\hat{u}_z$ 随时间的变化，显示了瞬态响应。

表 5.2　不同 $\hat{t}$ 时刻下 $(\hat{x},\ \hat{y},\ \hat{z})=(0.5,\ 0.5,\ 0)$ 处的 $10^5\hat{u}_z$ 的相对误差

$\hat{t}$	$10^5\hat{u}_z$									
	0.001	0.002	0.005	0.01	0.02	0.05	0.1	0.5	1	10
理论解	0.669	1.021	1.498	1.789	1.947	1.990	1.991	1.991	1.991	1.991
FEM	0.689	1.049	1.518	1.797	1.951	1.986	1.986	1.986	1.986	1.986
相对误差	2.99%	2.74%	1.34%	0.447%	0.25%	0.25%	0.25%	0.25%	0.25%	0.25%

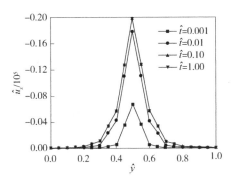

图 5.5　不同时刻下 $(\hat{x},\ \hat{z})=(0.5,\ 0)$ 的 $\hat{u}_z$

通过开展点源作用下单层各向同性结构流固耦合计算，并与相应的有限元流固耦合算例对比，证明了解析解的准确性。下面提出一种点源作用下水平成层结构流固耦合解析解的应用，即横观各向同性材料水平成层结构的热流固耦合问题。

5.2.2　三层地基流固耦合

如图 5.6 所示，存在一个 $H : L_x : L_y = 0.1 : 1 : 1$ 的水平成层结构，从顶部 $z=0$ 到底部 $z=H$ 共三层，分别是 Layer Ⅰ/Layer Ⅱ/Layer Ⅲ，$h_1 : h_2 : h_3 =$ $3 : 4 : 3$。每层材料均为横观各向同性材料，Layer Ⅰ 和 Layer Ⅲ 的材料参数一致，具体材料参数见表 5.3。其四边简支，顶部自由，底部固定且不透水。假设其内部存在一个点源 $Q^* = 0.3(\mathrm{m}^3/\mathrm{s})$，对应的无量纲数值为 $\hat{Q}^* = 8.99 \times 10^{-4}$，该点源作用在结构正中心 $(x, y, z) = (L_x/2, L_y/2, H/2)$，无量纲位置为 $(\hat{x}, \hat{y}, \hat{z}) = (0.5, 0.5, 0.05)$。

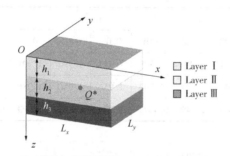

图 5.6　点源作用下横观各向同性材料水平成层结构示意图

表 5.3　横观各向同性材料参数

无量纲参数	$\hat{C}_{ij}$						
	$\hat{C}_{11}$	$\hat{C}_{22}$	$\hat{C}_{12}=\hat{C}_{21}$	$\hat{C}_{13}=\hat{C}_{23}$	$\hat{C}_{33}$	$\hat{C}_{44}=\hat{C}_{55}$	$\hat{C}_{66}$
Layer Ⅰ/Ⅲ	1	0.27	0.21	0.27	0.91	0.32	0.40
Layer Ⅱ	0.29	0.16	0.04	0.07	0.25	0.09	0.13
无量纲参数	$\hat{\alpha}_i$			$\hat{M}$	$\hat{K}_{ii}$		
	$\hat{\alpha}_1$	$\hat{\alpha}_2$	$\hat{\alpha}_3$		$\hat{K}_{11}$	$\hat{K}_{22}$	$\hat{K}_{33}$

无量纲参数	$\hat{C}_{ij}$						
	$\hat{C}_{11}$	$\hat{C}_{22}$	$\hat{C}_{12}=\hat{C}_{21}$	$\hat{C}_{13}=\hat{C}_{23}$	$\hat{C}_{33}$	$\hat{C}_{44}=\hat{C}_{55}$	$\hat{C}_{66}$
Layer Ⅰ/Ⅲ	0.566	0.566	0.573	0.411	1.00	1.00	0.10
Layer Ⅱ	0.875	0.875	0.876	0.30	1.00	1.00	0.10

图 5.7 显示了作用于 $(\hat{x},\ \hat{y},\ \hat{z})=(0.5,\ 0.5,\ 0.05)$ 的内部点源 $\hat{Q}_3^*$ 影响下的顶面 $(z=0)$ 无量纲位移的云图。图 5.8 显示了作用于 $(\hat{x},\ \hat{y},\ \hat{z})=(0.5,\ 0.5,\ 0.05)$ 的内部点源 $\hat{Q}_3^*$ 的 $0.4\leqslant\hat{y}\leqslant0.6$，$0\leqslant\hat{z}\leqslant0.1$ 界面无量纲物理量的云图。位移、孔隙压力和 z 方向法向应力都是对称的，符合四边简支的边界条件，也符合横观各向同性材料本身的特性。

图 5.9 展示了不同深度的点源引起的 $(\hat{x},\ \hat{y})=(0.5,\ 0.5)$ 线处的孔隙压力和 z 方向位移。图 5.9(a) 显示，点源位置的孔隙压力最大。同时，随着点源深度的增加，底部的压力逐渐增加。图 5.9(b) 显示，位移趋势在层与层之间的界面处发生变化，这取决于基础的物理参数。如曲线 $(\hat{z}^*=0.05)$ 所示，与底部孔隙压力不同，点源作用于 $\hat{z}^*=0.05(z^*=0.5H)$ 时的顶面 z 方向，位移大于其他两个位置的顶面 z 方向位移，这是由于第Ⅱ层和第Ⅰ/Ⅲ层物理参数不同造成的。

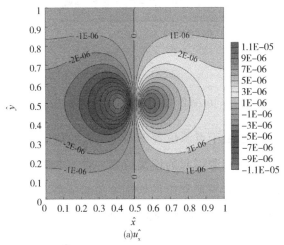

图 5.7　$\hat{t}=10.00$ 时刻下顶部 $z=0$ 的物理量云图

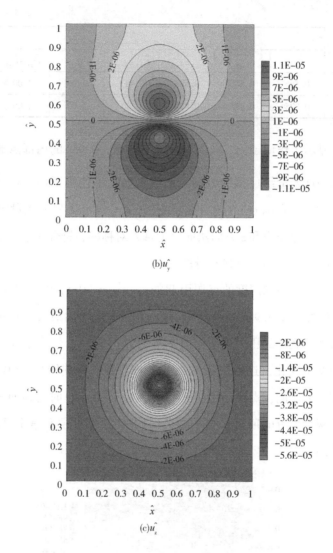

(b)$\hat{u}_y$

(c)$\hat{u}_z$

图 5.7 $\hat{t}=10.00$ 时刻下顶部 $z=0$ 的物理量云图(续)

我们进一步研究了由于点源位置不同而引起的顶面 z 方向位移。图 5.10 显示了由于不同位置的点源引起的位置位移。对于本文介绍的横观各向同性三层多孔介质结构,随着点源深度的增加,顶部位移先增大后减小,这是因为第一层的物理参数与第三层的物理指标相同。

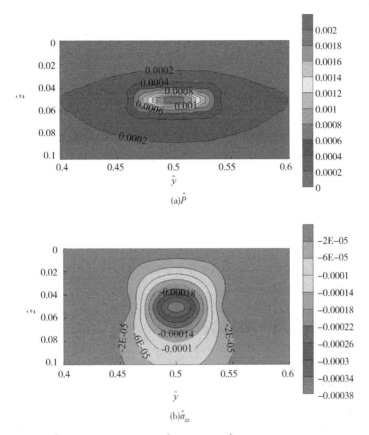

(a)$\hat{P}$

(b)$\hat{\sigma}_{zz}$

图 5.8　$\hat{t}=10.00$ 时刻下 $0.4 \leqslant \hat{y} \leqslant 0.6$、$0 \leqslant \hat{z} \leqslant 0.1$ 界面上物理量云图

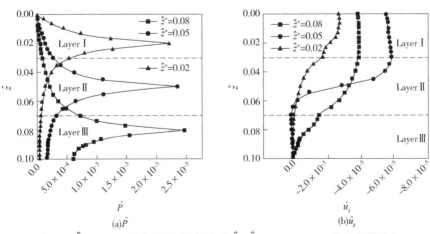

(a)$\hat{P}$

(b)$\hat{u}_z$

图 5.9　$\hat{t}=10.00$ 时刻不同点源作用下$(\hat{x}, \hat{y})=(0.5, 0.5)$的物理量分布

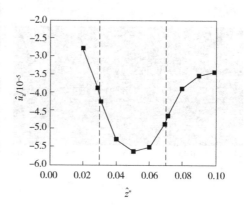

图 5.10 $\hat{t}=10.00$ 时刻 $(\hat{x},\ \hat{y},\ \hat{z})=(0.5,\ 0.5,\ 0)$ 的

$\hat{u}_z$ 与点源位置 z^* 的关系

5.3 套管-水泥环-地层实例

5.3.1 水泥环实例

根据 4.1 节中提到的解析解，开展了单层三维轴对称各向同性结构热流固耦合计算，包括有限边界和无穷远边界条件两种算例，同时本节基于 COMSOL 软件提出了一种实现热流固耦合的有限元模型，从而验证理论解的正确性。对于有限边界的解析解，从热固耦合、流固耦合和热流固耦合三个方面构建对比算例，将理论解的结果与有限元软件得到的结果进行对比，二者相互佐证。

具体几何模型示意图见图 5.11，模型的具体尺寸为：顶部为初始位置 $Z_{\min}=0\text{m}$，计算深度 $Z_{\max}=1\text{m}$，圆筒内壁距中心的距离 $r_0=0.1\text{m}$，圆筒外壁距中心的距离 $r_1=0.2\text{m}$，载荷为线性温度载荷 $T^*=-10z$。该圆筒的材料参数取值见表 5.4，多孔介质内的流体视为水，$\rho=1000\text{kg/m}^3$，$K_\mathrm{f}=2.5\times10^9\text{N/m}^2$，$\beta_\mathrm{f}=1.98\times10^{-5}/\text{K}$。

(a)整体示意图　　　　　　　　　(b)旋转面示意图

图 5.11　内部线性载荷作用下的三维轴对称结构

表 5.4　圆筒各向同性材料参数表

材料参数	值	材料参数	值
E/GPa	10	$\beta_1/(10^{-6}/\mathrm{K})$	10
ν	0.2	$K/[10^{-17}\mathrm{m}^4/(\mathrm{N}\cdot\mathrm{s})]$	1
$\rho/(\mathrm{kg/m}^3)$	2000	α	0.5788
$k_\mathrm{T}/[\mathrm{W}/(\mathrm{m}\cdot\mathrm{K})]$	0.34	$M/(10^9\mathrm{N/m}^2)$	8.00
$c_p/[\mathrm{J}/(\mathrm{kg}\cdot\mathrm{K})]$	1000	$\beta_\mathrm{m}/(10^{-5}/\mathrm{K})$	4.95

为了保证计算精度，需要对 FT 算法中的 χ 和 NN 值展开讨论，如图 5.12 所示，随着二者数值的增大，$t=10^4\mathrm{s}$ 时刻$(0.15,-10)$处求解得到物理量结果仅有小幅度变化。当 $\chi \geqslant 5$ 时，求解得到的孔压、温度和位移基本不再发生变化，当 $NN \geqslant 50$ 时，结果趋于稳定，如温度解在 $NN \geqslant 50$ 之后，NN 每增加 10，温度解的变化约为 2‰。因此，在本节算例中，选取 $\chi=5$ 和 $NN=50$ 时，已经可以满足计算精度需求。

（1）热固耦合结果

有限元模型 r 方向划分 30 个点，z 方向划分 100 个点，网格数为 3000，

109

具体网格见图 5.13。时间步长初始为 0.001s，随着迭代逐渐增加。在验证热固耦合时，只需关闭达西定律模块即可，同样，在处理流固耦合算例时，关闭固体传热模块即可。

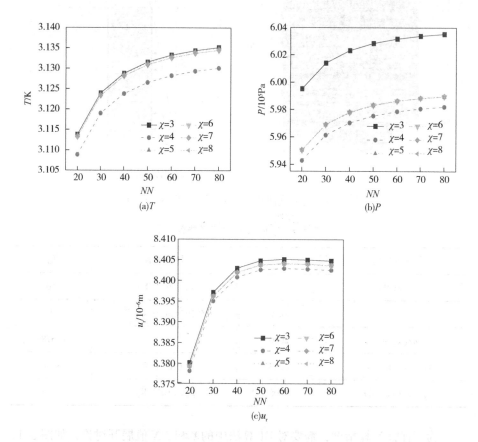

图 5.12 $t = 10^4$ s 时刻(0.15, −10)处

不同物理量与 χ 和 NN 之间的关系

为了考察热固耦合效应，将渗流场与二者耦合的参数 α 和 β_m 均设置为 0。先验证理论解的非稳态性，选取底部($z = -1m$)三个不同时刻 $t = 10^3$ s、$t = 10^4$ s 和 $t = 10^5$ s 的温度值与理论解对比。图 5.14 展示了温度随时间变化的结果，可以发现随着时间增加，温度逐渐趋于稳定，且理论解和 FEM 解在各个时刻均保持一致，证明理论解的非稳态性无误。

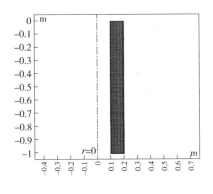

图 5.13 网格示意图

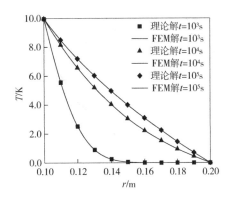

图 5.14 热固耦合解不同
时刻的温度 T 对比

接着验证理论解的准确性，选取 $t=10^4\text{s}$ 时刻的解对比，分别从 r 方向和 z 方向两个方向对比 T、σ_{rr}、σ_{rz}、u_r 和 u_z。r 方向的 T、σ_{rr} 和 u_r 结果选择底部 $(z=-1\text{m})$，σ_{rz} 和 u_z 选择 $z=-0.5\text{m}$ 对比，z 方向的结果选择 $r=0.15\text{m}$。图 5.15 和图 5.16 展示了温度边界条件下各个物理量在 r 方向和 z 方向的对比结果，二者结果基本一致，证明了理论解的正确性，同时也说明了 FT 方法中的求和上限 χ 和 Fourier 展开的求和上限 NN 的选取是合理的。

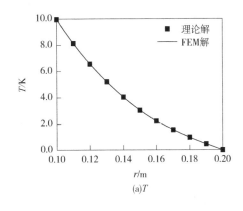

(a)T

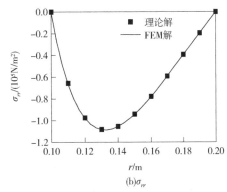

(b)σ_{rr}

图 5.15 热固耦合解 r 方向物理量结果对比

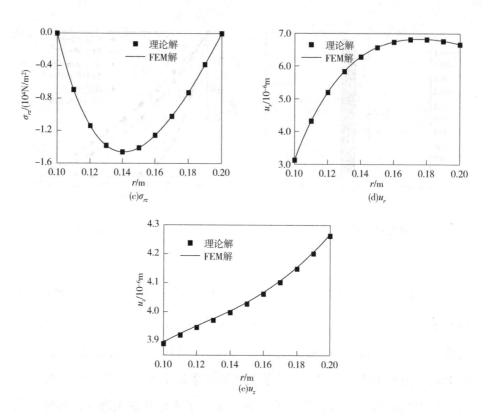

图 5.15　热固耦合解 r 方向物理量结果对比(续)

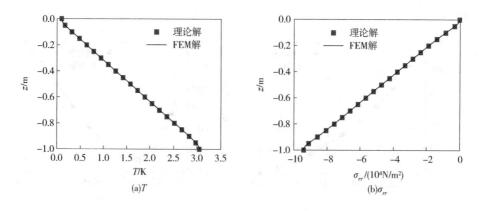

图 5.16　热固耦合解 z 方向物理量结果对比

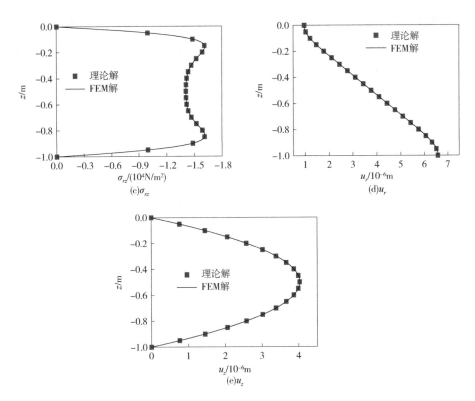

图 5.16 热固耦合解 z 方向物理量结果对比(续)

（2）流固耦合结果

为了考察流固耦合效应，将温度场与二者耦合的参数 β_{m} 和 β_1 均设置为 0，同时将温度载荷更改为线性应力载荷 $\sigma_{rr}^{*} = -10^6 z$。同样先验证理论解的非稳态性，选取三个不同时刻 $t = 10^3\mathrm{s}$、$t = 10^4\mathrm{s}$ 和 $t = 3 \times 10^4\mathrm{s}$ 的孔压值与理论解对比。根据图 5.17 可以发现，在恒定应力的作用下，孔压随着时间增加逐渐消散，理论解和 FEM 解吻合良好。

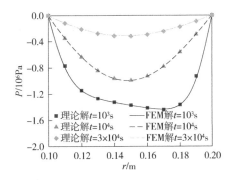

图 5.17 流固耦合解

不同时刻底部孔压对比

接着验证理论解的准确性，选取 $t = 10^4\mathrm{s}$ 时刻的解对比，分别从 r 方向和 z

方向两个方向对比 P、σ_{rr}、σ_{rz}、u_r 和 u_z。r 方向的 P、σ_{rr} 和 u_r 结果选择底部（$z=-1\mathrm{m}$），σ_{rz} 和 u_z 选择 $z=-0.5\mathrm{m}$ 对比，z 方向的结果选择 $r=0.15\mathrm{m}$。图 5.18 和图 5.19 展示了 r 方向和 z 方向的各个物理量在 $t=10^4\mathrm{s}$ 时刻的对比结果，可以发现理论解结果与 FEM 解结果统一，认为流固耦合模块无误。

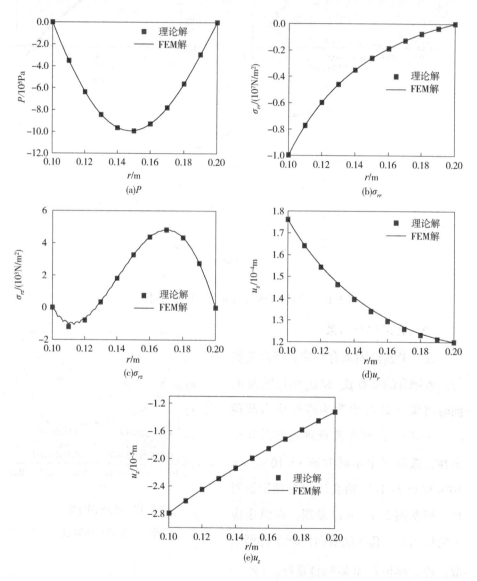

图 5.18　流固耦合解 r 方向物理量结果对比

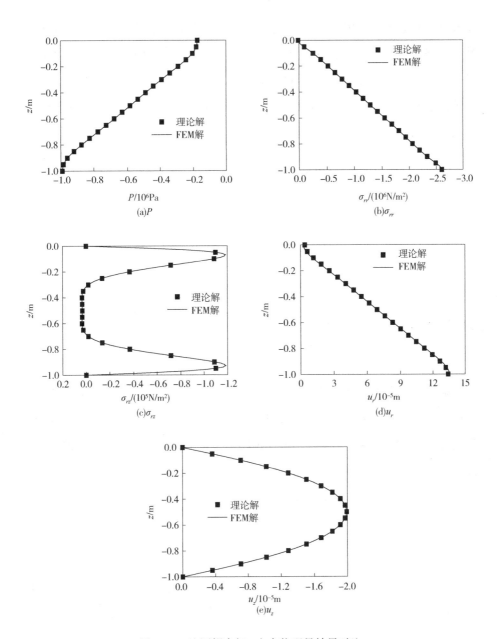

图 5.19 流固耦合解 z 方向物理量结果对比

（3）热流固耦合结果

考察热流固耦合的正确性时，参数保持不变，载荷为线性温度载荷。由于温度场独立求解，因此在热流固耦合算例中无需再次验证温度场的非稳态性和准确性，只需要对比渗流场和应力-位移场，从而确保三场耦合的准确性。选取底部($z=-1\mathrm{m}$)三个不同时刻 $t=10^3\mathrm{s}$、$t=10^4\mathrm{s}$ 和 $t=3\times10^4\mathrm{s}$ 的孔压值与理论解对比。根据图 5.20 可以发现，三个不同时刻的孔压值均吻合良好，证明了理论解的非稳态计算无误。

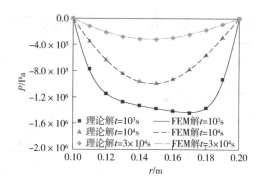

图 5.20 热流固耦合解不同时刻孔压 P 结果对比

接着验证理论解的准确性，选取 $t=10^4\mathrm{s}$ 时刻的解对比，分别从 r 方向和 z 方向两个方向对比 P、σ_{rr}、σ_{rz}、u_r 和 u_z。根据图 5.21 和图 5.22，可以发现 r 方向和 z 方向计算结果二者均一致，说明理论解的热流固耦合效应无误，计算准确。

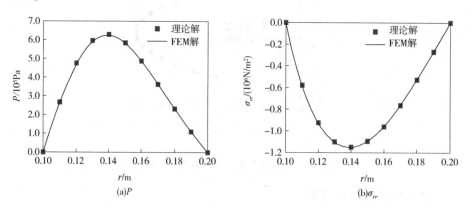

图 5.21 热流固耦合解 r 方向物理量结果对比

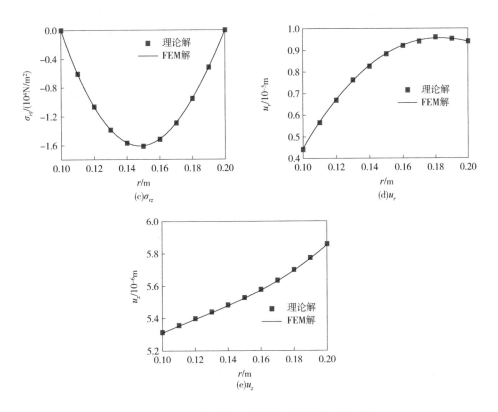

图5.21　热流固耦合解 r 方向物理量结果对比(续)

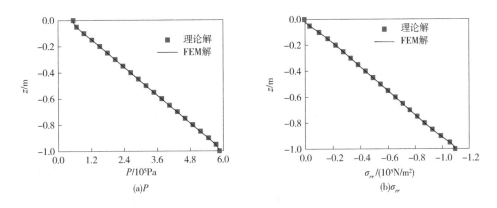

图5.22　热流固耦合解 z 方向物理量结果对比

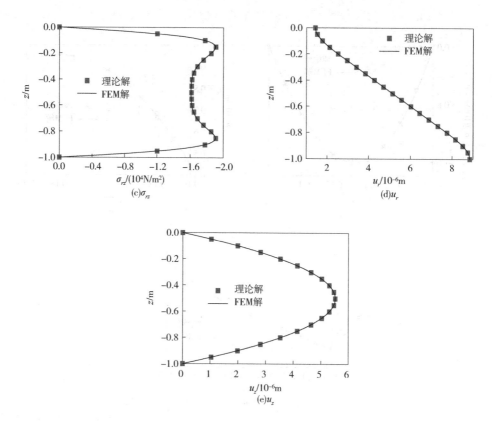

图 5.22 热流固耦合解 z 方向物理量结果对比(续)

（4）无穷远边界的热流固耦合结果

在前文中，通过有限边界解的验证计算，已经成功验证了理论解的热流固耦合效应和非稳态效应，故在无穷远边界中不再赘述，仅选取无穷远边界条件下的热流固耦合算例与有限元解对比证明其计算准确性。与有限区域计算不同的是，需要选取计算终止点，从而节约计算成本。本例中同样选取 0.2m 处作为计算终止点，从而考察无穷远边界的必要性。

同样选取 $t=10^4 s$ 时刻的解对比，分别从 r 方向和 z 方向两个方向对比 T、P、σ_{rr}、σ_{rz}、u_r 和 u_z。通过图 5.23 和图 5.24 的对比可以发现，在 r 方向和 z 方向上的计算结果二者均一致，因此证明了理论解的正确性。同时用图 5.23 与图 5.21 作对比，发现有限边界与无穷远边界的计算结果中，孔压和温度计算有一定差距，但趋势和数值相差不大，应力计算结果趋势和数值均不一致。

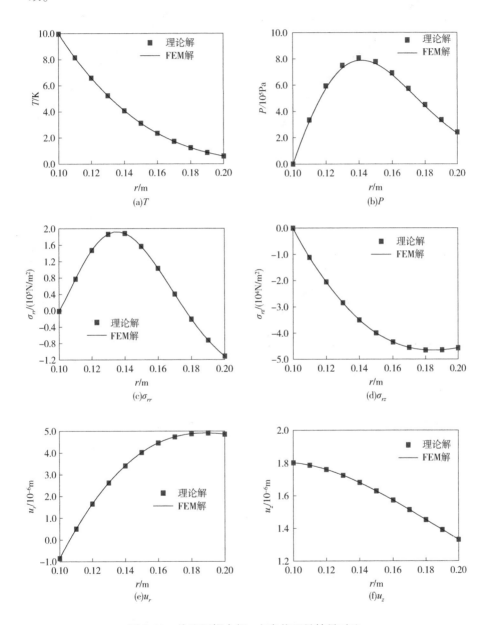

图 5.23　热流固耦合解 r 方向物理量结果对比

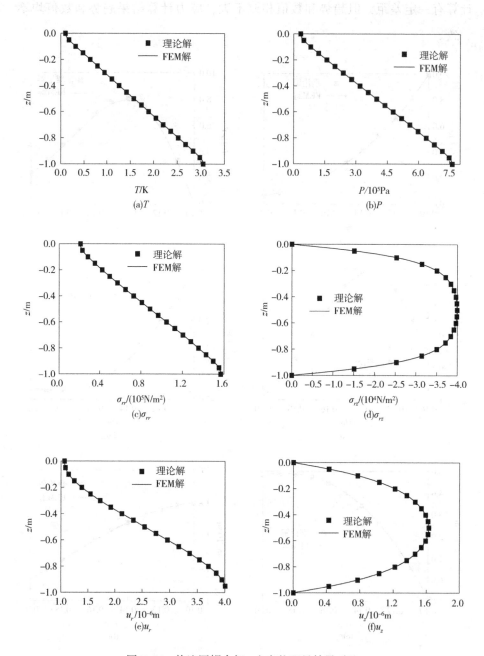

图 5.24　热流固耦合解 z 方向物理量结果对比

5.3.2　套管–水泥环–地层实例

根据 4.2 节中介绍的解析解，开展套管–水泥环–地层组合体的计算。考虑一口深度 $H = 10\mathrm{m}$ 的直井，结构为套管–水泥–地层系统，顶部坐标 $Z_{\min} = 0\mathrm{m}$，底部坐标 $Z_{\max} = -10\mathrm{m}$，套管内壁到旋转轴的距离 $r_0 = 0.1\mathrm{m}$，套管外壁到旋转轴的距离 $r_1 = 0.12\mathrm{m}$，水泥环外壁到旋转轴的距离 $r_2 = 0.2\mathrm{m}$，地层计算终点与旋转轴的距离 $r_3 = 0.5\mathrm{m}$。套管、水泥环和地层的材料参数如表 5.5 所示，其中，套管不存在渗流场，用—表示。水的材料参数为 $\rho = 1000\mathrm{kg/m^3}$、$K_f = 2.5 \times 10^9\mathrm{N/m^2}$ 和 $\beta_f = 1.98 \times 10^{-5}/\mathrm{K}$。

表 5.5　套管、水泥环和地层的材料参数表

参数	套管	水泥环	地层
E/GPa	200	10	30
ν	0.3	0.2	0.2
$\rho/(\mathrm{kg/m^3})$	7870	2000	2000
$k_\mathrm{T}/[\mathrm{W/(m \cdot K)}]$	40	0.34	1.65
$c_p/[\mathrm{J/(kg \cdot K)}]$	2000	1000	460
$\beta_l/(10^{-6}/\mathrm{K})$	12	10	11.6
$K/[10^{-15}\mathrm{m^4/(N \cdot s)}]$	—	1	0.5
α	—	0.5788	0.8510
$M/(10^9\mathrm{N/m^2})$	—	8.00	32.20
$\beta_m/(10^{-5}/\mathrm{K})$	—	4.95	1.19

假设套管内壁的载荷为线性温度载荷 $T^* = -z$ 和线性压力载荷 $P^* = -10^6 z$。NN 和 N 的值与精度和计算时间密切相关，必须在初始阶段确定。经过广泛的计算，得出以下结论。首先，当 $NN \geqslant 6$ 时，结果保持不变。其次，随着 N 的增加，结果会逐渐收敛，但这样做会大大增加计算时间。因此，可以将 NN 和 N 的值分别设置为 6 和 70，此时误差可以控制在 2% 以内。

选择 $(0.11, -10)$、$(0.16, -10)$、$(0.35, -10)$ 三个点，我们可以监测

物理量随时间的变化。图 5.25 中显示了温度 T、压力 P、排量 u_r 随时间的变化情况，以及温度、压力、排量的变化趋势。从图 5.25(a)中可以看出，在本研究所采用的材料参数下，套管的温度传导速度要快于其他两个部件。套管温度在 10^2s 内接近稳定状态，而水泥环温度在 10^3s 时才开始变化，10^4s 后地层温度才出现明显变化。套管-水泥-地层系统温度场在 $t = 10^5$s 时基本稳定。从图 5.25(b)可以看出，水泥环孔压 P 由初始的缓慢升高、到突然升高、再到最后降低经历了共三个阶段。值得注意的是，孔压的响应是瞬时的，在初始时刻就已经开始发生变化。结合图 5.25(a)，孔压的变化过程如下：在第一阶段，温度通过套管传导，这意味着温度效应尚未明显影响水泥环。因此，由于热膨胀引起的变形，孔压只会缓慢增加。在第二阶段，水泥环的温度开始升高。因此，由于温度和热膨胀引起的位移，孔压迅速增加。在最后阶段，水泥环温度达到稳定状态，开始向地层无穷远处传导，孔压逐渐消散。同样，可以由此描述地层孔压的变化。由于热膨胀引起的温度和位移，地层孔压开始缓慢升高。而后当温度在地层中传导时，孔压先升高后降低。最终水泥环和地层的孔压都趋于稳定，时间 t 在 10^5s 左右。

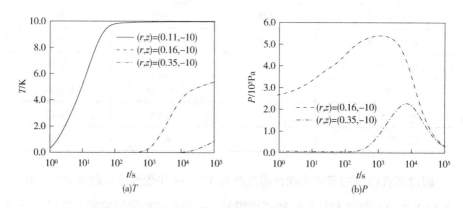

图 5.25 $T^* = -z$ 和 $P^* = -10^6 z$ 载荷作用下不同物理量随时间的变化

选取 $t = 10^4$s 时刻底部 $z = -10$m 的结果对比，对比结果见图 5.26。可以发现，所有物理量均吻合良好，通过有限元解和理论解之间的对比，可以证明结果在 r 方向上的准确性。此外，在水泥环和地层中，所有物理量均随着 r 的增加而减少，只有套管的位移随 r 的增加而增加。因此，在套管-水泥环-地层组合体结构中，水泥环和套管相接触的界面即水泥环内侧更值得关注和研究。

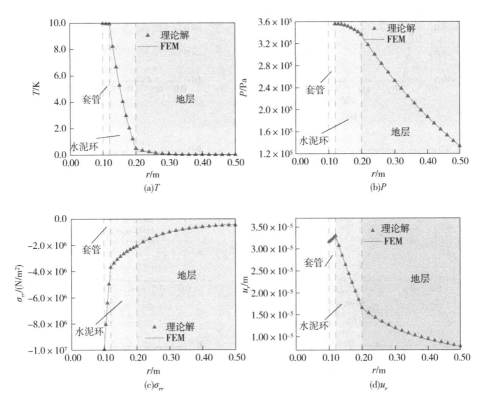

图 5.26　$t=10^4$s 时刻套管-水泥环-地层组合体不同物理量对比结果

对比水泥环内壁 $r=0.12$m 和外壁 $r=0.2$m 上的不同物理量结果。图 5.27 展示了 $t=10^4$s 时刻不同物理量在 z 方向上的结果对比。这些结果证实了套管-水泥环-地层组合体热流固耦合解析解在 z 方向的准确性。可以观察到，温度、孔隙压力和 r 方向应力 σ_{rr} 和 r 方向位移 u_r 线性增加，与施加的载荷一致。z 方向上的物理量 τ_{rz} 和 u_z 遵循抛物线分布，在中间 $z=-5$m 达到最大值。此外，水泥环内侧($r=0.12$m)的应力、r 方向位移和孔隙压力明显大于外侧($r=0.2$m)，但 z 位移基本一致。这表明，在线性载荷下，水泥环的底部是研究的重点，同时，内侧比外侧更加重要。

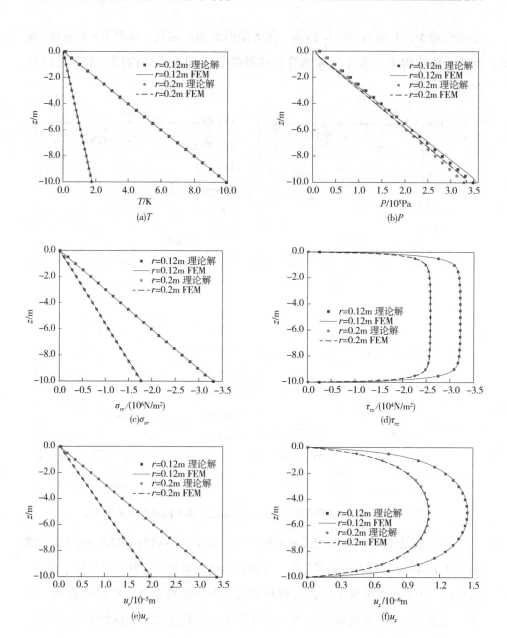

图 5.27 $t = 10^4$ s 时刻水泥环内外壁不同物理量对比

图 5.28 展示了 $t = 10^5$ s 时刻套管-水泥环-地层不同物理量的云图，通过这些云图，我们可以更加直观地看出边界条件和物理量分布。可以观察到，

在线性荷载作用下，水泥环底部左侧的应力和孔隙压力最高，最大位移值也在这里。因此，在线性荷载作用下，后文中对套管-水泥-地层组合体的分析更多地集中在水泥环底部内侧。

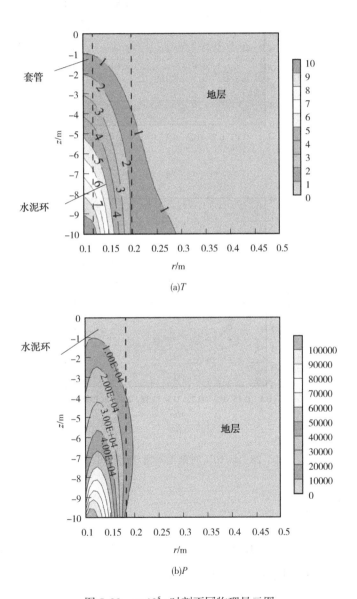

图 5.28　$t=10^5$s 时刻不同物理量云图

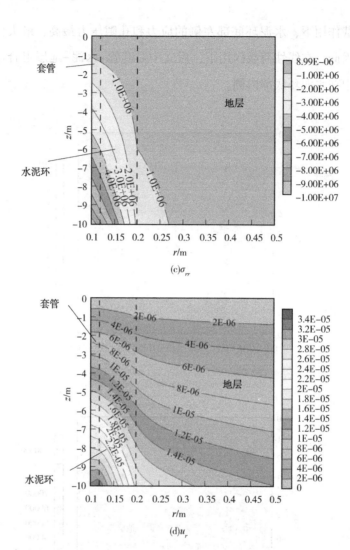

图 5.28 $t = 10^5$ s 时刻不同物理量云图(续)

5.4 本章小结

本章首先借助 COMSOL 软件建立了用于解决热流固耦合问题的有限元模型。接着开展了各向同性水平成层材料流固耦合计算，验证了理论解的准确性。最后给出了一种水平成层结构流固耦合解析解的应用实例，开展三层横观各向同性材料水平成层结构流固耦合计算，分析了点源深度对流固耦合效应的影响。之后开展单层各向同性结构热流固耦合计算，将理论解结果与有限元解结果作对比，二者吻合良好。以此验证了热固耦合、流固耦合和热流固耦合效应，同时还验证了无穷远边界解析解的正确性，为工程应用提供了一定理论指导。

附录A 本书采用的物理量符号

S_o——含油饱和度，1；

S_w——含水饱和度，1；

S_g——含气饱和度，1；

J——水力坡度，1；

σ_{ij}——与 i 轴垂直的面上与 j 轴方向一致的应力，N/m^2，$i=1$，2，3，$j=$ 1，2，3，即 x，y，z；

ε_{ij}——与 i 轴垂直的面上与 j 轴方向一致的应变，1；

u_i——与 i 轴垂直的面上的位移，m；

γ_{ij}——与 i 轴垂直的面上与 j 轴方向一致的应变的两倍，1；

C_{ij}——与 i 轴垂直的面上与 j 轴方向一致的弹性系数，N/m^2；

C_{44}，C_{55}，C_{66}——剪切模量，N/m^2；

α_i——与 i 轴垂直的面上的 Biot 固结系数；

β_i——与 i 轴垂直的面上的面应力-温度系数，$N/(m^2 \cdot K)$；

P——孔压，Pa；

T——温度变化量，K；

M——Biot 模量，N/m^2；

β_m——体应变-温度系数，1/K；

ξ——容水度，1；

c_T——热扩散系数，$\mathrm{m^2 \cdot s}$；

φ——介质的孔隙率，1；

ρ_f——流体密度，$\mathrm{kg/m^3}$；

c_f——流体比热容，$\mathrm{J/(kg \cdot K)}$；

ρ_s——基质密度，$\mathrm{kg/m^3}$；

c_s——基质比热容，$\mathrm{J/(kg \cdot K)}$；

λ、μ——拉梅系数，$\mathrm{N/m^2}$；

E——拉压弹性模量，$\mathrm{N/m^2}$；

ν——泊松比，1。

附录B 热流固耦合问题的无量纲

首先对几何方程无量纲化

$$\varepsilon_{ij} = \left(\frac{\partial u_i}{\partial x_j} + \frac{\partial u_j}{\partial x_i} \right) / 2 \tag{B.1}$$

令

$$\hat{u}_i = \frac{u_i}{X_{\max}}, \quad \hat{x}_i = \frac{x_i}{X_{\max}} \tag{B.2}$$

将式(B.2)代入式(B.1)可以发现几何方程没有发生变化，为

$$\varepsilon_{ij} = \left(\frac{\partial \hat{u}_i}{\partial \hat{x}_j} + \frac{\partial \hat{u}_j}{\partial \hat{x}_i} \right) / 2 \tag{B.3}$$

其次对本构方程 $\sigma_{ii} = C_{i1}\varepsilon_{i1} + C_{i2}\varepsilon_{i2} + C_{i3}\varepsilon_{i3} - \alpha_i P - \beta_i T$ 无量纲化

$$\frac{\sigma_{ii}}{(C_{ij})_{\max}} = \frac{(C_{i1})}{(C_{ij})_{\max}} \varepsilon_{i1} + \frac{C_{i2}}{(C_{ij})_{\max}} \varepsilon_{i2} +$$

$$\frac{C_{i3}}{(C_{ij})_{\max}} \varepsilon_{i3} - \frac{\alpha_i P}{(C_{ij})_{\max}} - \frac{\beta_i (\beta_i)_{\max} T}{(\beta_i)_{\max} (C_{ij})_{\max}} \tag{B.4}$$

令(Biot 系数本身为无量纲数)

$$\hat{\sigma}_{ij} = \frac{\sigma_{ij}}{(C_{ij})_{\max}}, \quad \hat{C}_{ij} = \frac{C_{ij}}{(C_{ij})_{\max}}, \quad \hat{P} = \frac{P}{(C_{ij})_{\max}},$$

$$\hat{T} = \frac{(\beta_i)_{\max}}{(C_{ij})_{\max}}\hat{T}, \quad \hat{\beta}_i = \frac{\hat{\beta}_i}{(\beta_i)_{\max}} \tag{B.5}$$

将上式改成

$$\hat{\sigma}_{ii} = \hat{C}_{i1}\hat{\varepsilon}_{i1} + \hat{C}_{i2}\hat{\varepsilon}_{i2} + \hat{C}_{i3}\hat{\varepsilon}_{i3} - \alpha_i\hat{P} - \hat{\beta}_i\hat{T} \tag{B.6}$$

利用式(B.5)处理其他本构关系式。

将 $\hat{x}_i = \dfrac{x_i}{X_{\max}}$ 和 $\hat{\sigma}_{ij} = \dfrac{\sigma_{ij}}{(C_{ij})_{\max}}$ 代入平衡方程 $\partial_j\sigma_{ij} = 0$,可知

$$\frac{\partial\hat{\sigma}_{ij}}{\partial\hat{x}_i} = 0 \tag{B.7}$$

对渗流方程进行无量纲化

$$\frac{\partial\xi}{\partial t} - (K_{11}\partial_1^2 + K_{22}\partial_2^2 + K_{33}\partial_3^2)P = 0 \tag{B.8}$$

已知含水率 ξ 的表达式见式(B.9),含水率为无量纲参数:

$$\xi = \frac{P}{M} + \alpha_1\varepsilon_{11} + \alpha_2\varepsilon_{22} + \alpha_3\varepsilon_{33} - \beta_m T \tag{B.9}$$

将 $\hat{P} = \dfrac{P}{(C_{ij})_{\max}}$,$\hat{T} = \dfrac{(\beta_i)_{\max}T}{(C_{ij})_{\max}}$ 代入式(B.9)可知

$$\xi = \frac{\hat{P}(C_{ij})_{\max}}{M} + \alpha_1\varepsilon_{11} + \alpha_2\varepsilon_{22} + \alpha_3\varepsilon_{33} - \beta_m\frac{(C_{ij})_{\max}}{(\beta_i)_{\max}}\hat{T} \tag{B.10}$$

令

$$\hat{M} = \frac{M}{(C_{ij})_{\max}}, \quad \hat{\beta}_m = \beta_m\frac{(C_{ij})_{\max}}{(\beta_i)_{\max}} \tag{B.11}$$

将式(B.11)代入式(B.10),可知

$$\xi = \frac{\hat{P}}{\hat{M}} + \alpha_1 \varepsilon_{11} + \alpha_2 \varepsilon_{22} + \alpha_3 \varepsilon_{33} - \hat{\beta}_m \hat{T} \tag{B.12}$$

将 $\hat{P} = \dfrac{P}{(C_{ij})_{max}}$ 代入式（B.8）可知

$$\frac{\partial \xi}{\partial t} - \frac{(C_{ij})_{max}}{X_{max}^2}\left(K_{11}\frac{\partial^2 \hat{P}}{\partial \hat{x}^2} + K_{22}\frac{\partial^2 \hat{P}}{\partial \hat{y}^2} + K_{33}\frac{\partial^2 \hat{P}}{\partial \hat{z}^2}\right) = 0 \tag{B.13}$$

令 $\hat{K}_{11} = \dfrac{K_{11}}{(K_{ii})_{max}}$ 代入式（B.13）可知

$$\frac{\partial \xi}{\partial t} - \frac{(C_{ij})_{max}(K_{ii})_{max}}{X_{max}^2}\left(\hat{K}_{11}\frac{\partial^2 \hat{P}}{\partial \hat{x}^2} + \hat{K}_{22}\frac{\partial^2 \hat{P}}{\partial \hat{y}^2} + \hat{K}_{33}\frac{\partial^2 \hat{P}}{\partial \hat{z}^2}\right) = 0 \tag{B.14}$$

令

$$\hat{t} = \frac{(C_{ij})_{max}(K_{ii})_{max}}{X_{max}^2}t \tag{B.15}$$

将式（B.15）代入式（B.14），可知

$$\frac{\partial \xi}{\partial \hat{t}} - \left(\hat{K}_{11}\frac{\partial^2 \hat{P}}{\partial \hat{x}^2} + \hat{K}_{22}\frac{\partial^2 \hat{P}}{\partial \hat{y}^2} + \hat{K}_{33}\frac{\partial^2 \hat{P}}{\partial \hat{z}^2}\right) = 0 \tag{B.16}$$

对于热传导方程

$$c\frac{\partial T}{\partial t} = k_t \nabla^2 T \tag{B.17}$$

将 $\hat{T} = \dfrac{(\beta_i)_{max}T}{(C_{ij})_{max}}$，$\hat{X}_i = \dfrac{x_i}{X_{max}}$，$\hat{t} = \dfrac{(C_{ij})_{max}(K_{ii})_{max}}{X_{max}^2}t$ 代入得

$$c\frac{(C_{ij})_{max}}{(\beta_i)_{max}}\frac{(C_{ij})_{max}(K_{ii})_{max}}{X_{max}^2}\frac{\partial \hat{T}}{\partial \hat{t}}$$

$$= \hat{k}_t\frac{(k_{ti})_{max}}{(X_{max})^2}\frac{(C_{ij})_{max}}{(\beta_i)_{max}}\nabla^2 \hat{T}$$

$$(\text{B.18})$$

整理得

$$c \, \frac{(C_{ij})_{\max} (K_{ii})_{\max}}{(k_{ti})_{\max}} \, \frac{\partial \hat{T}}{\partial \hat{t}} = \hat{k}_{\mathrm{t}} \, \nabla^2 \hat{T} \qquad (\text{B.19})$$

则

$$\hat{c} = c \, \frac{(C_{ij})_{\max} (K_{ii})_{\max}}{(k_{ti})_{\max}} \qquad (\text{B.20})$$

对于 $v_i = -K_{ii} \partial_i P$

将 $\hat{P} = \dfrac{P}{(C_{ij})_{\max}}$, $\hat{x}_i = \dfrac{x_i}{X_{\max}}$ 和 $\hat{K}_{ii} = \dfrac{K_{ii}}{(K_{ii})_{\max}}$ 代入, 可知

$$v_1 = -\hat{K}_{11} \, \frac{\partial \hat{P}}{\partial \hat{x}} \, \frac{(K_{ii})_{\max} (C_{ij})_{\max}}{X_{\max}} \qquad (\text{B.21})$$

因此

$$\hat{v}_i = \frac{X_{\max} v_i}{(C_{ij})_{\max} (K_{ii})_{\max}} \qquad (\text{B.22})$$

对于 $q_i = k_{ti} \partial_i T$

将 $\hat{T} = \dfrac{(\beta_i)_{\max}}{(C_{ij})_{\max}} T$, $\hat{k}_{ti} = \dfrac{k_{ti}}{(k_{ti})_{\max}}$, $\hat{x}_i = \dfrac{x_i}{X_{\max}}$ 代入得到

$$q_i = \frac{(k_{ti})_{\max} (C_{ij})_{\max}}{X_{\max} (\beta_i)_{\max}} \hat{k}_{ti} \frac{\partial \hat{T}}{\partial \hat{z}} \qquad (\text{B.23})$$

因此

$$\hat{q}_i = \frac{X_{\max} (\beta_i)_{\max}}{(k_{ti})_{\max} (C_{ij})_{\max}} q_i \qquad (\text{B.24})$$

总结一下, 对参数的无量纲化为

$$\hat{\sigma}_{ij} = \frac{\sigma_{ij}}{(C_{ij})_{max}}, \quad \hat{C}_{ij} = \frac{C_{ij}}{(C_{ij})_{max}}, \quad \hat{P} = \frac{P}{(C_{ij})_{max}}, \quad \hat{x}_i = \frac{x_i}{X_{max}},$$

$$\hat{T} = \frac{(\beta_i)_{max} T}{(C_{ij})_{max}}, \quad \hat{\beta}_i = \frac{\hat{\beta}_i}{(\beta_i)_{max}}, \quad \hat{c} = \frac{(C_{ij})_{max}(K_{ii})_{max}}{(k_{ti})_{max}} c, \quad \hat{\beta}_m = \beta_m \frac{(C_{ij})_{max}}{(\beta_i)_{max}},$$

$$\hat{M} = \frac{M}{(C_{ij})_{max}}, \quad \hat{K}_{ii} = \frac{K_{ii}}{(K_{ii})_{max}}, \quad \hat{k}_{ti} = \frac{k_{ti}}{(k_{ti})_{max}}, \quad \hat{t} = \frac{(C_{ij})_{max}(K_{ii})_{max}}{X_{max}^2} t,$$

$$\hat{v}_i = \frac{X_{max} v_i}{(C_{ij})_{max}(K_{ii})_{max}}, \quad \hat{q}_i = \frac{X_{max}(\beta_i)_{max}}{(k_{ti})_{max}(C_{ij})_{max}} q_i$$

$$(B.25)$$

至此，实现了对物理量和方程的无量纲化。

附录C　本书采用的数学方法

C.1　张量分析

指标符号是指表示一组量的下标(或上标)。例如，一组变量 x_1，x_2，$\cdots$，x_n，可表示为 $x_i(i=1，2，\cdots，n)$。利用指标符号，三维空间中任意一点的笛卡尔直角坐标系中的坐标不再用 x、y、z 表示，而用 x_1、x_2、x_3 或 y_1、y_2、y_3 表示，记作 x_i 或 y_i，对于三维问题，$i=1$，2，3，对于二维问题，$i=1$，2。用指标符号可以使很多繁琐的公式书写大为简化。

指标与求和约定：①除了作特殊的说明外，用作上标或下标的拉丁字母指标，都将取从 1 到 n 的值；②若一项中有一个指标重复，则意味着要对这个指标遍历范围 1，2，$\cdots$，n 求和。这就是爱因斯坦求和约定，如

$$a_i b_i = a_1 b_1 + a_2 b_2 + a_3 b_3 \qquad (i=1，2，3) \qquad (C.1)$$

显然，求和指标的符号可以任意更换，即

$$a_i b_i = a_j b_j = a_k b_k \qquad (\text{C.2})$$

根据求和约定，需要记住 3 条规则：①若不是表示求和，不要将同一指标重复两次，即 $a_1 b_1 \neq a_i b_i$。②同一项中不允许同一指标重复两次以上，即 $a_i b_i c_i$ 没有意义。如果要表示 $a_1 b_1 c_1 + a_2 b_2 c_2 + a_3 b_3 c_3$，不能用 $a_i b_i c_i$，可用 $\sum\limits_{i=1}^{3} a_i b_i c_i$ 来表示。③不表示求和的指标称为自由指标，自由指标在公式两侧应采用同一指标符号，如

$$x_i = a_{ij} u_j \qquad (\text{C.3})$$

式中，i 是自由指标；j 是求和指标。在三维笛卡尔坐标系中，式（C.3）表示一组代数方程式

$$\begin{cases} x_1 = a_{11} u_1 + a_{12} u_2 + a_{13} u_3 \\ x_2 = a_{21} u_1 + a_{22} u_2 + a_{23} u_3 \\ x_3 = a_{31} u_1 + a_{32} u_2 + a_{33} u_3 \end{cases} \qquad (\text{C.4})$$

克罗内克（Kronecker）δ 符号 δ_{ij} 定义为

$$\delta_{ij} = \begin{cases} 1, & \text{若 } i=j \\ 0, & \text{若 } i \neq j \end{cases} \qquad (\text{C.5})$$

δ 是数学力学中常用的一个特定符号。采用这一符号可以将空间某一点对坐标原点的距离 r 的平方表示为

$$r^2 = \delta_{ij} x_i x_j = x_j x_j \qquad (\text{C.6})$$

式中，$\delta_{ij} x_i = x_j$。可以看出，δ_{ij} 乘以 x_i 表示 i 指标被 j 指标代替而变为 x_j，同理

$$\delta_{ij} A_{jk} = A_{ik}, \quad \delta_{ij} A_{kj} = A_{ki} \qquad (\text{C.7})$$

克罗内克(Kronecker)δ符号δ_{ij}，还可以定义为单位向量的点积，即

$$\delta_{ij} = \boldsymbol{e}_i \cdot \boldsymbol{e}_j \qquad\qquad (\text{C}.8)$$

式中，$\boldsymbol{e}_i$为i坐标方向的单位向量。

ε_{ijk}为排列符号，对于n个不同下标元素，先规定各元素之间有一标准次序(例如n个不同自然数，可以规定由小到大是标准次序)，于是在这n个元素的任意排列中，当某两个元素的先后次序与标准次序不同时，就说有1个逆序。一个排列中所有逆序的总数叫作此排列的逆序数，逆序数为奇数则为奇排列逆序数为偶数则为偶排列。奇排列的值等于-1，偶排列的值等于1。

如四阶时ε_{ijkl}，对下标做一定规定，即当前面出现的下标大于后面出现的下标时，计为1次。即当$i>j$时，计1次，且当$i>k$时，再计1次，累加得2次，$\cdots$，依此类推，最后累加的数的结果为奇数或者偶数，这样相应为奇排列或偶排列。如ε_{1234}、ε_{1243}、ε_{1423}的逆序数分别为0、1、2，相应地排列的值分别为1、-1、1。这样即可对高阶的行列式用排列符号表示。

利用排列符号可以十分简单地表示行列式的展开式，如行列式

$$\begin{vmatrix} a_{11} & a_{12} & a_{13} \\ a_{21} & a_{22} & a_{23} \\ a_{31} & a_{32} & a_{33} \end{vmatrix} = \varepsilon_{ijk} a_{1i} a_{2j} a_{3k} \qquad\qquad (\text{C}.9)$$

在某一个或几个指标符号之间加一逗号","，称为逗号指标符号，表示该变量对紧接逗号后面的一个或几个指标符号所表示的自变量取偏导数，如

$$a_{i,i} = \frac{\partial a_i}{\partial x_i} = \frac{\partial a_1}{\partial x_1} + \frac{\partial a_2}{\partial x_2} + \frac{\partial a_3}{\partial x_3} \qquad\qquad (\text{C}.10)$$

$$a_{ii} = \frac{\partial}{\partial x_i}\left(\frac{\partial a}{\partial x_i}\right) = \frac{\partial^2 a}{\partial x_1^2} + \frac{\partial^2 a}{\partial x_2^2} + \frac{\partial^2 a}{\partial x_3^2} \qquad (\text{C.}11)$$

设向量 $\boldsymbol{a}$ 在笛卡尔坐标系中的分量为 a_i，用指标符号可以表示为 $\boldsymbol{a}=a_i\boldsymbol{e}_i$，$\boldsymbol{e}_i$ 为第 i 坐标轴上正方向上的单位向量。

两个向量的点积为

$$\boldsymbol{a}\cdot\boldsymbol{b}=a_i\,\boldsymbol{e}_i\cdot b_j\,\boldsymbol{e}_j=a_ib_j\delta_{ij}=a_ib_i \qquad (\text{C.}12)$$

两个向量的叉积为

$$\boldsymbol{a}\times\boldsymbol{b}=\begin{vmatrix} e_1 & e_2 & e_3 \\ a_1 & a_2 & a_3 \\ b_1 & b_2 & b_3 \end{vmatrix}=\varepsilon_{kij}a_ib_je_k \qquad (\text{C.}13)$$

如图 C.1 所示，向量 $\boldsymbol{a}$ 在 x_1、x_2 坐标系中的分量为 a_1、a_2，在 x_1'、x_2' 坐标系中的分量为 a_1'、a_2'，显然

$$\begin{cases} a_1=a_1'\cos(x_1,\ x_1')+a_2'\cos(x_1,\ x_2') \\ a_2=a_1'\cos(x_2,\ x_1')+a_1'\cos(x_2,\ x_2') \end{cases} \qquad (\text{C.}14)$$

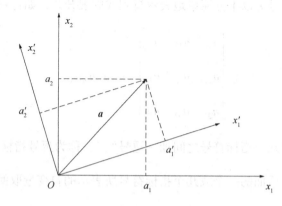

图 C.1　向量的坐标变换图

写成指标符号的形式

$$a_j = \alpha_{ji} a_i' \tag{C.15}$$

其中

$$\alpha_{ji} = \cos(x_j,\ x_i') \tag{C.16}$$

容易证明

$$a_i' = \alpha_{ji} a_i \tag{C.17}$$

式(C.15)和式(C.17)同样适用于笛卡尔坐标系中的向量坐标转换。

向量的分量仅与一个坐标有关，不同坐标系中其分量满足式(C.15)或式(C.17)的坐标变换关系。将这一概念扩展，可以把张量定义为一组与若干个下标有关的并满足一定坐标变换关系的量。如 $T_{ijk}(i,\ j,\ k=1,\ 2,\ \cdots,\ n)$，$n$ 代表张量的维数，下标个数代表张量的阶数。对于二阶张量，应满足

$$T_{lm} = \alpha_{li} \alpha_{mj} T_{ij} \tag{C.18}$$

对于三阶张量，应满足

$$T_{lmn} = \alpha_{li} \alpha_{mj} \alpha_{nk} T_{ijk} \tag{C.19}$$

利用张量的定义，也可以认为向量是一阶张量，但张量与向量不同，既不是向量，也不是标量，而是一个与向量有关的量。弹性力学中一点的应力状态就是典型的二阶张量。

如果二阶张量将其指标对换得到的新张量与原张量相等，即 $T_{ij} = T_{ji}$，则称这个二阶张量为对称张量；若 $T_{ij} = -T_{ji}$，则称为反对称张量；若 $\begin{cases} T_{ij} = \beta, & i=j \\ T_{ij} = 0, & i \neq j \end{cases}$，则称为球张量。$\delta_{ij}$ 是一个单位球张量。

张量对某一坐标的偏微分可表示为

$$\frac{\partial T_{ij}}{\partial x_k} = T_{ij,k} \tag{C.20}$$

由于 $x_s = \alpha_{ks} x_k$，$\dfrac{\partial}{\partial x_k} = \dfrac{\partial}{\partial x_s} \dfrac{\partial x_s}{\partial x_k} = \alpha_{ks} \dfrac{\partial}{\partial x_s}$，则

$$T_{ij,k} = \alpha_{im}\alpha_{jn}\alpha_{ks}T_{mn,s} \tag{C.21}$$

满足张量的坐标变换规则，因而 $T_{ij,k}$ 是一个三阶张量。

C.2 傅里叶级数展开

若函数 $f(x)$ 以 $2l$ 为周期，即 $f(x+2l)=f(x)$，并在区间 $[-l,\ l]$ 上满足狄里希利（Dirichlet）条件，即在区间 $[-l,\ l]$ 上

① 连续或只有有限个第一类间断点；

② 只有有限个极值点。

则函数 $f(x)$ 可在 $[-l,\ l]$ 展为傅里叶级数。

$$f(x) = a_0 + \sum_{n=1}^{\infty}\left(a_n\cos\frac{n\pi x}{l} + b_n\sin\frac{n\pi x}{l}\right)$$

$$\omega = \frac{2\pi}{2l} = \frac{\pi}{l} \tag{C.22}$$

式中，a_0、a_n、b_n 为傅里叶系数，可由如下公式求得

$$a_0 = \frac{1}{l}\int_{-l}^{l} f(x)\,\mathrm{d}x \tag{C.23}$$

$$a_n = \frac{1}{l}\int_{-l}^{l} f(x)\cos n\omega x\mathrm{d}x \qquad (n=1,\ 2,\ 3\cdots) \tag{C.24}$$

$$b_n = \frac{1}{l}\int_{-l}^{l} f(x)\sin n\omega x\mathrm{d}x \qquad (n=1,\ 2,\ 3\cdots) \tag{C.25}$$

工程以及物理上用到的函数一般是定义在有限区间上的。

（1）定义在 $[-l,\ l]$ 上的函数 $f(x)$ 展开

将函数 $f(x)$ 解析延拓到 $(-\infty,\ +\infty)$ 区间构成的周期函数 $g(x)$，其周期为 $2l$，仅在 $[-l,\ l]$ 上，$g(x)\equiv f(x)$。

（2）定义在$[0, l]$上的函数$f(x)$展开

将函数$f(x)$解析延拓到$[-l, l]$区间，再将$[-l, l]$区间的函数再延拓到$(-\infty, +\infty)$区间上，构成周期函数$g(x)$，其周期为$2l$。

延拓的方式有无数种，因而展开式也有无数种，但它们在$(0, l)$上均代表$f(x)$，且函数值相等。有时，对函数$f(x)$边界的限制就决定了延拓的方式。如要求$f(0) = f(l) = 0$，则应延拓成奇周期函数；如要求$f'(0) = f'(l)$，则应延拓成偶的周期函数。

与一元函数$f(x)$相比，二元函数$f(x, y)$也可以展开为傅里叶级数。若有函数$f(x, y)$，其中x以$2l$为周期，y以$2h$为周期，则函数$f(x, y)$可在平面区域$\Omega = \{-l \leqslant x \leqslant l, -h \leqslant y \leqslant h\}$内展开为双重傅里叶级数：

$$f(x, y) = \sum_{m=0}^{M} \sum_{n=0}^{N} \begin{pmatrix} a_{mn}\cos px\cos qy + b_{mn}\sin px\cos qy \\ + c_{mn}\cos px\sin qy + d_{mn}\sin px\sin qy \end{pmatrix} \quad (C.26)$$

$$p = \frac{n\pi x}{l}, \quad q = \frac{n\pi y}{h} \quad (C.27)$$

式中，a_{mn}、b_{mn}、c_{mn}和d_{mn}称为二重傅里叶级数的系数。

C.3 贝塞尔函数

n阶贝塞尔方程为（n为任意实数或复数）

$$x^2 y'' + xy' + (x^2 - n^2) y = 0 \quad (C.28)$$

假设$n \geqslant 0$，令：

$$y = x^c (a_0 + a_1 x + a_2 x^2 + \cdots + a_k x^k + \cdots) = \sum_{k=0}^{\infty} a_k x^{c+k} \qquad (\mathrm{C}.29)$$

$$\sum_{k=0}^{\infty} \left\{ \left[(c+k)(c+k-1) + (c+k) + (x^2 - n^2) \right] a_k x^{c+k} \right\} = 0 \qquad (\mathrm{C}.30)$$

则有

$$a_k = \frac{-a_{k-2}}{k(2n+k)} \qquad (\mathrm{C}.31)$$

令:
$$a_0 = \frac{1}{2^n \Gamma(n+1)}$$

式中, $\Gamma(p) = \int_0^{\infty} \mathrm{e}^{-x} x^{p-1} \mathrm{d}x$, $\Gamma(p+1) = p\Gamma(p)$, $\Gamma(1) = 1$, $\Gamma(1/2) = \sqrt{\pi}$, 当 p 为正整数时 $\Gamma(p+1) = p!$, 当 p 为负整数或零时 $\Gamma(p) \to \infty$。

则有:

$$a_{2m} = \frac{(-1)^m}{2^{n+2m} m! \ \Gamma(n+m+1)} \qquad n \geqslant 0 \qquad (\mathrm{C}.32)$$

$$J_n(x) = \sum_{m=0}^{\infty} \frac{(-1)^m}{m! \ \Gamma(n+m+1)} \left(\frac{x}{2} \right)^{n+2m} \qquad n \geqslant 0 \qquad (\mathrm{C}.33)$$

式(C.33)被称为 n 阶第一类贝塞尔函数。

当 n 为正整数时, $\Gamma(n+m+1) = (n+m)!$, 则

$$J_n(x) = \sum_{m=0}^{\infty} \frac{(-1)^m}{m! \ (n+m)!} \left(\frac{x}{2} \right)^{n+2m} \qquad n = 0, \ 1, \ 2, \ \cdots \quad (\mathrm{C}.34)$$

$c = -n$ 时

$$J_{-n}(x) = \sum_{m=0}^{\infty} \frac{(-1)^m}{m! \ \Gamma(-n+m+1)} \left(\frac{x}{2} \right)^{-n+2m} \qquad n \neq 1, \ 2, \ \cdots$$

$$(\mathrm{C}.35)$$

（1）n 不为整数时

$J_n(x)$ 和 $J_{-n}(x)$ 线性无关，则

$$\begin{cases} y = AJ_n(x) + BJ_{-n}(x) \\ A = \cot n\pi \\ B = -\csc n\pi \end{cases} \qquad (\text{C.36})$$

$$Y_n(x) = \frac{J_n(x)\cos n\pi - J_{-n}(x)}{\sin n\pi} \qquad (\text{C.37})$$

式（C.37）被称为 n 阶第二类贝塞尔函数。

此时贝塞尔方程的通解为

$$y = AJ_n(x) + BY_n(x) \qquad (\text{C.38})$$

（2）n 为整数时

$$Y_n(x) = \lim_{\alpha \to n} \frac{J_\alpha(x)\cos\alpha\pi - J_{-\alpha}(x)}{\sin\alpha\pi} \qquad (\text{C.39})$$

此时贝塞尔方程的通解为

$$y = AJ_n(x) + BY_n(x) \qquad (\text{C.40})$$

式中，A、B 为任意常数，n 为任意实数。